中等职业教育智能制造类专业系列教材

U0184369

电工电子基础与技能

DIANGONG
DIANZI
JICHU YU
JINENG

主　编◎李金芯　谭云峰

副主编◎张莱蔓　田　园　赵　佳

重庆大学出版社

图书在版编目(CIP)数据

电工电子基础与技能／李金芯,谭云峰主编. --重庆:重庆大学出版社,2022.3
中等职业教育智能制造类专业系列教材
ISBN 978-7-5689-2798-7

Ⅰ.①电… Ⅱ.①李… ②谭… Ⅲ.①电工技术—中等专业学校—教材 ②电子技术—中等专业学校—教材
Ⅳ.①TM ②TN

中国版本图书馆 CIP 数据核字(2021)第 217481 号

电工电子基础与技能

主 编 李金芯 谭云峰
副主编 张莱蔓 田 园 赵 佳
策划编辑:陈一柳

责任编辑:杨育彪 版式设计:陈一柳
责任校对:邹 忌 责任印制:赵 晟

*

重庆大学出版社出版发行
出版人:饶帮华
社址:重庆市沙坪坝区大学城西路 21 号
邮编:401331
电话:(023)88617190 88617185(中小学)
传真:(023)88617186 88617166
网址:http://www.cqup.com.cn
邮箱:fxk@ cqup.com.cn(营销中心)
全国新华书店经销
重庆长虹印务有限公司印刷

*

开本:787mm×1092mm 1/16 印张:13.5 字数:322 千
2022 年 3 月第 1 版 2022 年 3 月第 1 次印刷
ISBN 978-7-5689-2798-7 定价:42.00 元

近年来,物联网技术进入以基础行业和规模消费为代表的新一代信息技术革命,是世界信息化发展的第三次浪潮。随着物联网技术在智能制造中不断深入地应用,传统电工电子技术作为基础核心课程,也迎来了更多的机遇。中国制造2025、工业4.0等的提出及规划实施,巩固了传统电工电子的地位,成为其核心的知识技能单元模块。受技术和产业成熟度的综合驱动,物联网技术迎来跨界融合、集成创新和规模化发展的新阶段。本书作为物联网技术应用、工业机器人技术应用等智能制造类专业的基础课程教材,对学生的专业学习起着重要作用。

在编写过程中,本书力求以行业企业调研、典型工作任务与职业能力分析、课程体系、课程标准为依据,主要面向智能制造产业工作岗位(群)、物联网相关科研机构及企事业单位等面向辅助研发、部品验证、品质检验、产品测试、技术服务等岗位。本书共4个模块,11个项目。模块一是直流电路,共3个项目:简单直流电路,电阻的串、并联,电容与电感;模块二是交流电路,共2个项目:单相交流电、三相交流电;模块三是模拟电子电路,共3个项目:直流稳压电源电路、声控旋律灯电路、带前置的音频功放电路;模块四是数字电子电路,共3个项目:三人表决器电路、模拟电子蜡烛电路、555定时器电路。

本书具有的主要特点:

1.教材的编写模式新颖

本书采用"模块+N个项目+N个任务"的编写体例,设置了项目目标、任务描述、任务实施、任务练习、任务评价等,而所有的任务实施都围绕着项目目标和任务描述展开,通过体验和实践操作,使理论知识实作化。同时书中设有知识拓展模块,完善知识体系。

2.教材编写引入了企业专家团队

引入企业专家指导教材编写,审核教材内容,让本书符合行业企业标准,更加专业。读者学完本书,将能独立完成物联网产品电子电路的装配、检测、维护。

3.教材融入了企业7S管理素养

在任务实施过程中,任务评价采用了活页式的评价表,设有企业7S管理素养考核内容。

4.教材配套了丰富的资源

本书配套有教案、PPT课件、视频等课程资源,便于学习和借鉴。

本书由重庆市九龙坡职业教育中心李金芯、谭云峰担任主编,张莱蔓、田园、赵佳担任副主编,李晓宁担任主审。其中,谭云峰编写了导读部分,张莱蔓编写了项目一,曹棋编写了项目二,黄永红(重庆市城口县职业教育中心)编写了项目三,李超云编写了项目四,童玲编写了项目五,王伟(重庆市城口县职业教育中心)编写了项目六,赵佳编写了项目七,田园编写了项目八,李金芯编写了项目九和项目十,赵芯编写了项目十一。

由于编者水平有限,书中难免有不妥和错误之处,恳请读者批评指正。

编　者

2021 年 1 月

目　录
MULU

1

从与人们联系紧密的手机,到每个家庭的照明,再到工厂的机器运转等,都离不开电,电已经渗透到人们生产和生活中的各个领域。

一、初识生活中的电

常见的电按类型不同分为直流电、交流电;按电压高低不同分为低压电、高压电;按电源相数不同单相电、三相电;按用途不同分民用电、工业用电等。一般以交流电压 1 000 V 或直流电压 1 500 V 为分界,高于此值称为高压电,低于此值称为低压电。生活中的各种常见电池提供直流电,如图 0-1 所示;家用插线板提供低压交流电,如图 0-2 所示;电力输送线路提供高压交流电,如图 0-3 所示。

(a)干电池　　　　　　(b)手机电池　　　　　　(c)车载蓄电池

图 0-1　各种电池

图 0-2　插线板　　　　　　　　　图 0-3　电力输送线路

电力系统是指由发电(电厂产生电)、变电(变电站升压或降压电)、输电(电网输送电)、配电(配电所分配电)和用电(电器设备使用电)五环节组成的电能生产、传输、分配和消费的系统。我国主要使用的是正弦交流电,其频率为 50 Hz(称为工频),民用电压为220 V,工业用电压为 380 V。

二、安全用电常识

1.实训基本操作规程

①实训进行中应正确操作,按电路图接线,元件连接要牢固,爱护元件、仪表,避免造成事故。

②根据实训要求连接线路后,认真检查,确认电路无误,并经教师允许后方可接通电源,未经教师允许,不得通电。接通电源前,要告知同组同学。实训时要严肃认真,讨论问题时应断开电源。

③实训过程中,如出现异常现象,应立即切断电源,并报告指导教师检查故障原因。

④实训结束拆除线路时,务必断开电源,严禁带电操作。

2.电对人体的危害

(1)触电

人因触及带电体而造成电流通过人体,引起局部受伤或死亡的现象称为触电。触电对人体的伤害程度,与流过人体电流的频率、大小、时间长短、路径以及人体电阻(800 至几万欧)有关。根据伤害程度不同,触电分为电击、电伤两种。电击是指电流通过人体时造成的内伤;电伤是指电流通过人体时造成的外伤,如电弧烧伤、电烙印、皮肤金属化等。最危险的触电是电击,绝大多数触电死亡事故是由电击造成的。

常见的触电方式有 3 种,即单相触电、两相触电、跨步电压触电,具体情况见表 0-1。

表 0-1　常见的触电方式

触电方式	图　例	说　明
单相触电		单相触电是指人站在地面或其他接地体上,某一部位触及一相带电体或漏电的电气设备外壳时,电流通过人体流入大地(或中性线)。在低压供电系统中,单相触电加在人体上的电压为相电压 220 V
两相触电		两相触电是指人体的两个部位同时触及两相带电体。在低压供电系统中,两相触电加在人体上的电压为线电压 380 V,触电的危险性最大

续表

触电方式	图 例	说 明
跨步电压触电		跨步电压触电是指在高压电网接地点或防雷接地点及高压火线断落或绝缘损坏处,有电流流入接地点,电流在接地点周围土壤中产生电压降,当人走近接地点附近时,两步之间就有电位差,由此引起的触电事故

（2）安全电压和安全电流

发生触电后对人体不造成受伤或死亡,人体能承受的最高电压称为安全电压。不同环境安全电压也有所差异,正常环境下规定不高于 36 V 的电压为安全电压。发生触电后对人体不造成危险,能自行摆脱流过人体的最大电流称为安全电流,一般认为 10 mA 以下为安全电流。

当触电事故发生后,首先应使触电者尽快脱离电源,并根据情况及时拨打"120"急救电话联系救护车,同时还应进行现场急救。具体的触电急救方法见表0-2。

表 0-2 触电急救方法

方 法		图 例	说 明
脱离电源			关断闸刀,或拔去电源插头,或用绝缘棒挑开电线,或用钢丝钳切断电线
拨打"120"急救电话			拨打"120"急救电话联系救护车时,应简明扼要地向急救中心说清楚发生触电事故的时间、地点及触电者的伤情
现场急救	观察并初步处理		松开触电者的领扣、清理其口腔内的异物。观察神情、意识,如意识清醒,呼吸、心跳正常,可就地平卧休息;如意识不清,但呼吸心、跳正常,可将触电患者侧卧

3

续表

方　法		图　例	说　明
现场急救	口对口人工呼吸法	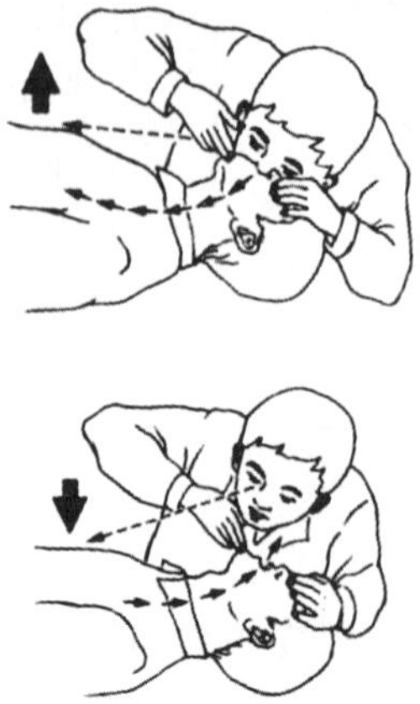	触电者如呼吸停止,但有心跳,应及时使用口对口人工呼吸法抢救。方法:使触电者头部尽量后仰,施救者用一手将其鼻孔捏住,深吸一口气,对准触电者的口吹气,然后嘴离开,松开鼻孔,如此反复进行。成人 14~16 次/min,儿童 18~24 次/min
	胸外心脏挤压法	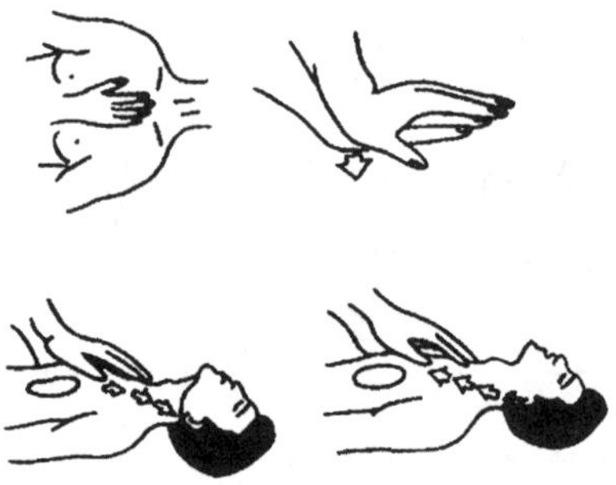	触电者如呼吸还有,但心跳停止,应及时使用胸外心脏挤压法抢救。方法:施救者跪在触电者一侧,两手上下重叠,手掌贴于心前区(胸骨下 1/3 交界处),以冲击动作将胸骨向下压迫,随即放松(挤压时要慢,放松时要快),如此反复进行,60~80 次/min
	两种方法同时进行	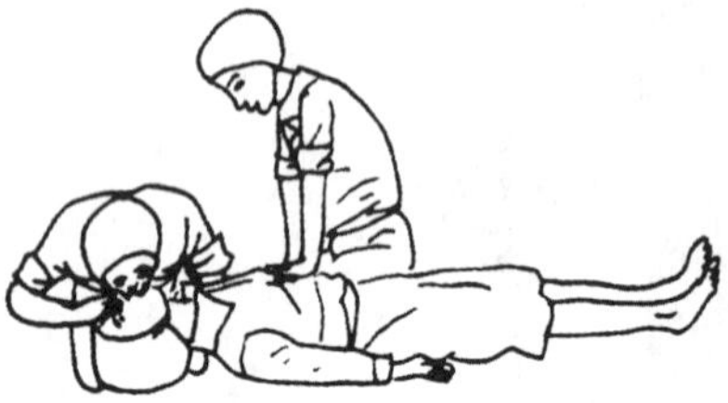	触电者如呼吸和心跳都停止,应同时使用上述两种方法。吹气与挤压之比:1 人时,吹 1 口气,挤压 8~10 次;2 人时,吹 1 口气,挤压 4~5 次

3.电气火灾的防范

电气火灾是指电气线路、用电设备和器具以及供配电设备等出现漏电、短路、过载、接触不良产生明火(如电火花、电弧等)引燃本体或其他可燃物而造成的火灾。因此,在制造电气设备和安装电气线路时,应选用具有一定阻燃性质的材料。在设计和选用电气产品时,应严格按照额定值规定的条件使用电气产品。导线和用电器在使用一定时间后会老化,往往容易引起电气火灾,应该及时更新电路导线,淘汰老化用电器。

电气火灾一旦发生,首先应切断电源,再进行扑救。如果不能迅速断电,切忌用水和泡沫灭火剂,可使用二氧化碳灭火器、四氯化碳灭火器、1211 灭火器或干粉灭火器等。如图 0-4 所示为灭火器的使用方法。

取出灭火器	拔掉保险销	一手握住压把，一手握住喷管	对准火苗根部喷射（人站立在上风处）

图 0-4　灭火器的使用方法

三、常用电工电子工具

常用电工电子工具是指从事低压电工或电子装接作业时常用的工具，通常有试电笔、钳子、螺丝刀、电烙铁等，其外形结构、用途及使用方法见表 0-3。

表 0-3　常用电工电子工具

名称	外形结构	用途	使用方法
电笔	金属笔尖　绝缘外壳　金属笔帽　电阻　氖管　弹簧	检测 60～500 V 带电体是否带电；判别火线和零线（或中性线）	使用时一定要用手触及顶端金属帽，这样带电体、人体与大地才能形成回路；电笔中的氖管发光表示为带电体有电，不发光表示无电或电压很低
钢丝钳		用于剪切或夹持导线、金属丝、工件的钳类工具	一般用右手操作，将钳头的刀口朝内侧，即朝向操作者，以便控制剪切部位。再用手指伸在两钳柄中间来抵住钳柄，张开钳头，向下压或向外拔
尖嘴钳		用于切断较小的导线、金属丝，夹持小螺钉、垫片，弯曲导线端头等	使用方法基本与使用钢丝钳相似
斜口钳		又名断线钳、扁嘴钳，用于剪切较小的软导线、金属丝或元器件引脚	一般用右手操作，钳口夹住电线或元器件引脚，并平贴尖口，线头应朝下，手缓缓用力即可剪断电线或元器件

续表

名称	外形结构	用　途	使用方法
剥线钳		用于塑料、橡胶绝缘电线、电缆芯线的剥皮	根据线缆的粗细,选择相应的剥线刀口,将电缆放在剥线刀刃中间,选择好要剥线的长度,握住剥线钳手柄,将电缆夹住,缓缓用力使电缆外表皮慢慢剥落,松开剥线钳手柄,取出电缆线即可
螺丝刀		又名起子,分为一字(又称平口)和十字(又称梅花)螺丝刀,用于紧固或拆卸螺钉	大螺丝刀使用时,用大拇指、食指和中指夹住握柄,手掌顶住握柄末端,刀口放入螺钉的头槽,用力旋紧或旋松螺钉。小螺丝刀使用时,大拇指和中指夹住握柄,用食指顶住柄末端,用力旋紧或旋松螺钉
电工刀		用于剥削导线绝缘层和削制木条等	使用时,应将刀口朝外剥削,剥削导线绝缘层时,应使刀面与导线成较小的锐角,以免割伤导线
扳手		分为活络扳手和固定扳手,用于旋动螺杆、螺母等	右手应靠近呆扳唇处,并用大拇指调制蜗轮,以适应螺母的大小,然后夹持住螺母,最后右手握手柄,手越靠后,扳动起来越省力
手电钻		手电钻以交流电源或直流电池为动力,用于金属材料、木材、塑料、墙面等的钻孔	根据钻孔需求选择合适的手电钻及钻头。接入电源后先调试手电钻的正反转,然后双手紧握手电钻手柄对准钻孔位置,再开启电钻进行钻孔

续表

名称	外形结构	用 途	使用方法
镊子		分为直头和弯头,主要用于焊接时夹持细小的元器件	用大拇指和食指夹住镊子,使镊子后柄位于掌心,根据需要可以加上中指。注意不要太用力,以避免手发抖。标准执行手法是左手拿直镊,右手拿弯镊
电烙铁	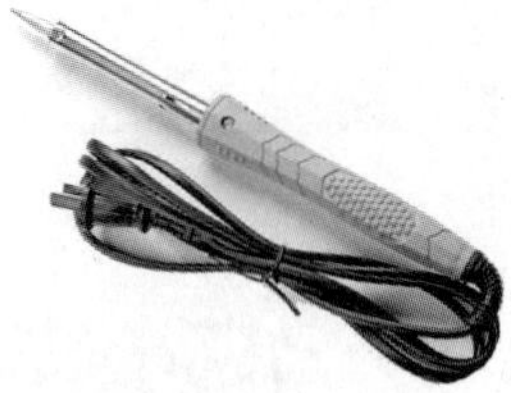	分内热式和外热式,主要用于焊接电子元器件及导线等,一般选择 30~60 W 即可	右手持电烙铁,左手拿锡丝。电烙铁要先充分预热,再在烙铁头刃面上"吃"点锡,然后将烙铁头刃面紧贴在焊接点处,电烙铁与水平面大约成 60°角,锡丝靠近,熔化的锡从烙铁头上流到焊点上,烙铁头在焊点处停留的时间控制在 2~3 s
烙铁架	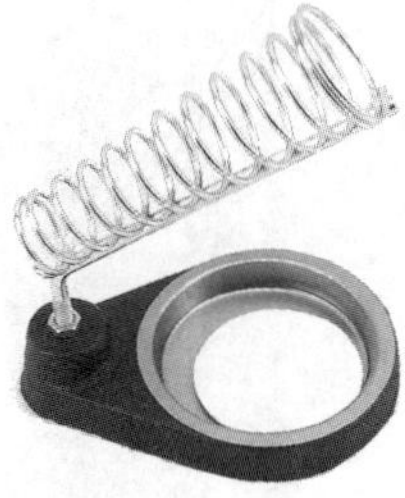	用于放置电烙铁、海绵、松香	将使用后的电烙铁的金属杆部分放入筒架内,防止烫伤物品或人;下面的圆盘可以放入浸湿的海绵或松香,在使用烙铁过程中将烙铁头上的脏物用海绵擦拭或黏上松香帮助焊接
焊锡丝		焊接时用于固定电子元器件	先将烙铁头做预热处理,取下一段锡丝,再将其靠近烙铁头,熔化后的焊锡即可将元件固定在电路板上

四、常用电工电子仪表

1.万用表

万用表主要用于测量电阻、直流电流、直流电压、交流电压、晶体管直流放大倍数等,以及检测元器件的好坏。常用的万用表有指针式和数字式两种。指针式万用表结构外形如图 0-5 所示,其测量结果可通过表盘上指针的指示刻度读出。数字式万用表外形结构如图 0-6 所示,其测量结果可通过显示屏直接显示出来。

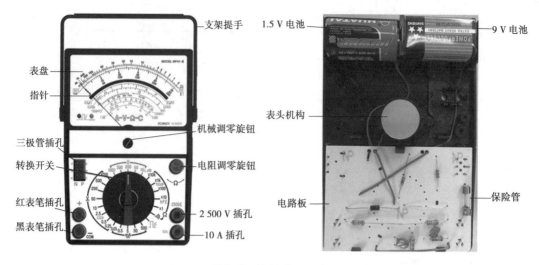

图 0-5 指针式万用表

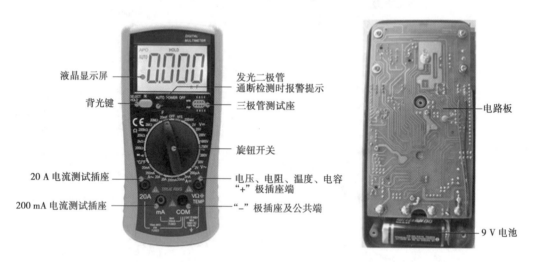

图 0-6 数字式万用表

2.钳形电流表

钳形电流表由电流互感器和电流表组合而成,主要用于在不切断线路的情况下测量通过导线的电流。扳开钳口让通电导线穿过铁芯后,被测导线就成为电流互感器的一次线圈,通过的电流便在二次线圈中感应出电流,该感应电流便通过相连的电流表显示出来。钳形电流表外形结构如图 0-7 所示。

3.兆欧表

兆欧表的指示值是以兆欧(MΩ)为单位,故称为兆欧表,主要用于检查电气设备、家用电器或电气线路的绝缘电阻,以保证这些设备、电器或线路工作在正常状态,避免发生触电事故或设备损坏等。兆欧表外形结构如图 0-8 所示。

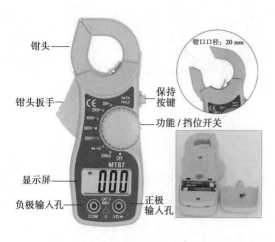

图 0-7　钳形电流表　　　　　　　　　图 0-8　兆欧表

4.直流稳压电源

直流稳压电源用于为负载提供稳定的直流电源,当电网电压波动或负载变化时,直流稳压电源的直流输出电压都会保持稳定。直流稳压电源的型号较多,型号为 UTP3704S 的直流稳压电源外形结构如图 0-9 所示。

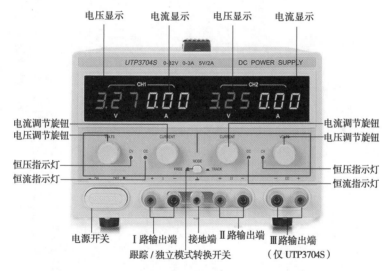

图 0-9　直流稳压电源

5.示波器

示波器是一种能把肉眼看不见的电信号变换成看得见的图像,便于人们研究各种电现象的变化过程的仪器。它除了能测量信号波形曲线,还可以测量信号的幅度、频率、周期、相位等。示波器分为模拟示波器和数字示波器。如图 0-10 所示型号为 DS1102D 的数字示波器。

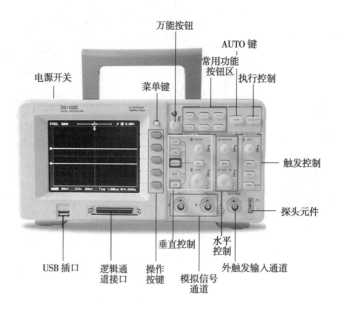

图 0-10　数字示波器

直流电路

　　"直流电"(Direct Current, DC),是爱迪生最早发现并推广使用的。直流电分为恒定直流电和脉动直流电。恒定直流电是指大小和方向都不随时间改变的电,脉动直流电是指大小随时间改变,而方向不随时间改变的电。本模块将从学习简单直流电路,电阻的串、并联,电容与电感等相关知识和技能开始,去打开电世界的大门,认识直流电,搭建直流电路,感受直流电路的精彩世界。

项目一 简单直流电路

▶项目目标

知识目标

1.能认识简单的实物电路,知道电路组成的基本要素和电路模型,会识读简单的电路图。

2.能知道电路常用物理量的概念和含义。

3.能叙述和解读欧姆定律的内容,会利用欧姆定理对电阻的串联、并联和简单的混联电路进行计算。

技能目标

1.能知道测量电流、电压的基本方法,会测量直流电路中的电流、电压。

2.能够正确使用万用表测量电阻。

情感目标

1.培养学生严谨的工作态度和精益求精的工匠精神。

2.培养学生7S管理素养。

▶项目描述

电的世界是个奇妙的世界,在这个世界里,千里眼、顺风耳不再是神话。我们生活的方方面面都与电密切相关。当我们学习到这里,就叩响了电世界的大门,跨进这道大门,我们就能慢慢感受精彩,收获成功。

任务一 搭建简单直流电路

▶任务描述

电的世界是怎样的呢? 电路又是怎样组成的呢?

▶任务准备

一、实训准备

按照分组,各小组讨论人员分工合作情况;然后各组准备组装简单直流电路所需的元器件、工具、耗材、资料等,实训准备清单见表1-1。

表1-1　实训准备清单

准备名称	准备内容	准备情况	负责人
元器件	干电池、开关、小灯泡、万能板等		
工具	万用表、电烙铁、斜口钳、镊子等		
耗材	导线、焊锡丝、松香等		
资料	教材、任务书等		

二、知识准备

1.电路

①定义:电路是电流通过的路径,包括电源、负载、连接导线、控制装置等。

②作用:一是进行电能的传输和转换(如照明电路),二是对电信号进行加工和处理(如电视机电路)。

③组成:

电源——提供电能,把其他形式的能转换为电能;

负载——取用电能,把电能转换为其他形式的能;

连接导线——传输电能;

控制装置——接通、断开、保护电路。

最简单的手电筒电路模型如图1-1所示。

2.电路中常用的物理量

(1)电流

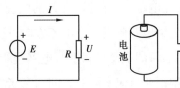

图1-1　最简单的手电筒电路模型

电荷的定向移动形成电流。正、负两种电荷的运动都能形成电流。根据电流方向、强弱是否可变,电流分为直流电、交流电。

(2)电压与电位

导体中有电流通过,导体两端必须有电压的作用 ,常用U_{ab}来表示电压,其中a是指电压的起点,b是指电压的终点。高电位指向低电位为正方向。电路中某点相对于参考点的电压称为该点的电位,用V表示,如V_a表示a点的电位。两点间的电位之差就是电压,即$U_{ab} = V_a - V_b$。

（3）电动势

电源是电能的源泉,是电路中提供电能的设备。用电动势这个物理量来衡量电源将其他形式的能转化成电能本领的大小。电动势用字母 E 来表示,电动势的方向从电源负极经电源内部指向正极。电动势仅存在于电源的内部,其大小由电源本身的性质决定,与电源是否接入电路无关。

（4）电功与电功率

电路中电流所做的功称为电功,用字母 W 表示,其表达式为 $W=UIt$。

单位时间内电流所做的功称为电功率,用字母 P 表示,其表达式为 $P=W/t$,具体换算关系为:

$$1 \text{ kW} \cdot \text{h} = 1\,000 \times 3\,600 \text{ J} = 3.6 \times 10^6 \text{ J}$$

【例题 1-1】有一个额定功率为 40 W 的电灯,每天正常使用时间为 4 h,平均每月按 30 天计算,求此电灯每月消耗电能多少度?

解:该电灯平均每月工作时间 $t=4$ h$\times30=120$ h,

$P=40$ W$=0.04$ kW,则 $W=Pt=0.04$ kW$\times120$ h$=4.8$ kW $\cdot$ h,

即此电灯每月消耗电能 4.8 度。

（5）电流的热效应

电流通过某段导体时所产生的热量与电流的平方、导体的电阻以及通电时间成正比,这一现象称为电流的热效应,这一定律称为焦耳定律。

3.电流、电压的参考方向

（1）电流的参考方向

在实际电路中,有时某支路的电流方向是难以确定的,为了使电路的分析和计算更方便,常常先给电路假设一个电流方向,这个方向就是电流的参考方向,如图 1-2 所示。选取参考方向的目的主要是利于对电路进行分析和计算。经过分析和计算,如果得到的电流值是正值,则说明电流实际的方向与参考方向相同;如果算出的电流值是负值,则说明电流实际的方向与参考方向相反。

（a）电流的实际方向与参考方向相同　　　　　（b）电流的实际方向与参考方向相反

图 1-2　电流的参考方向

（2）电压的参考方向

在对电路进行分析和计算时,也需要给电压选取参考方向,如图 1-3 所示,它也是一个假定的方向。同样,如果计算出该电压是一个正值,则电压的实际方向与参考方向相同;如果计算出该电压是一个负值,则电压的实际方向与参考方向相反。

（a）电压的实际方向与参考方向相同　　（b）电压的实际方向与参考方向相反

图 1-3　电压的参考方向

▶任务实施

最简单的实物电路如图 1-4 所示,电源是一节干电池,负载是小灯泡,导线和开关是中间环节,将电池和小灯泡连接起来,形成一个简单的通路,实现照明功能。

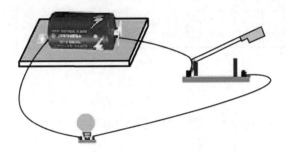

图 1-4　最简单的实物电路

▶任务评价

任务过程评价表见表 1-2。

表 1-2　任务过程评价表

序　号	评价要点	配分/分	得分/分	总　评
1	任务实训准备、知识准备充分	15		
2	能说出简单电路的组成	10		A(80 分及以上)　□
3	能正确识别与检测元器件并完成任务书的填写	30		B(70~79 分)　□
4	能根据任务书要求完成电路板的组装	30		C(60~69 分)　□
5	小组合作、协调、沟通能力	5		D(59 分及以下)　□
6	7S 管理素养	10		

▶知识拓展

常用电路图符号见表1-3。

表1-3　常用电路图符号

名　称	符　号	名　称	符　号
电池或直流电源	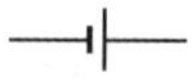 ⊣⊢	保险丝	 ▭
电阻	 ▯	灯泡	⊗
电容(无极性电容)	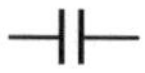 ⊣⊢	开关	 ╱
电压表	Ⓥ	电感	 ⌒⌒⌒
电流表	(μA)	公共接地端	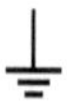 ⏚

任务二　测量电路中的电流、电压

▶任务描述

前面已经认识、组装了一套干电池、开关、小灯泡搭接简单的直流电路,本任务将以此为基础学习万用表测量电流、电压。

▶任务准备

一、实训准备

按照分组,各小组讨论人员分工合作情况;然后各组准备组装直流电路所需的电路板、工具、资料等,实训准备清单见表1-4。

表1-4　实训准备清单

准备名称	准备内容	准备情况	负责人
电路板	组装好的直流电路板		
工具	万用表、直流稳压电源等		
资料	教材、任务书等		

二、知识准备

1.使用万用表测量电路的交直流电压

（1）直流电压的测量

首先将黑表笔插进"COM"孔，红表笔插进"V Ω"孔。把旋钮打到比估计值大的量程（表盘上的数值均为最大量程，"V ═"表示直流电压挡，"V～"表示交流电压挡，"A～"表示电流挡），接着把表笔接电源或电池两端，保持接触稳定。数值可以直接从显示屏上读取，若显示为"1."，则表明量程太小，那么就要加大量程后再测量。如果在数值左边出现"－"，则表明表笔极性与实际电源极性相反，此时红表笔接的是负极。

（2）交流电压的测量

表笔插孔与直流电压的测量一样，不过应该将旋钮打到交流挡"V～"处所需的量程即可。交流电压无正负之分，测量方法跟前面相同。无论测交流电压还是直流电压，都要注意人身安全，不要随便用手触摸表笔的金属部分。

2.使用万用表测量电路的交直流电流

（1）直流电流的测量

首先将黑表笔插入"COM"孔。若测量大于 200 mA 的电流，则将红表笔插入"10 A"插孔并将旋钮打到直流"10 A"挡；若测量小于 200 mA 的电流，则将红表笔插入"200 mA"插孔，将旋钮打到直流 200 mA 以内的合适量程。调整好后，就可以测量了。将万用表串进电路中，保持稳定，即可读数。若显示为"1."，那么就要加大量程；如果在数值左边出现"－"，则表明电流从黑表笔流进万用表。

（2）交流电流的测量

测量方法与直流电流的测量方法相同，不过挡位应该打到交流挡，电流测量完毕后应将红表笔插回"V Ω"孔。

▶任务实施

一、改装万用表

万用表的表头是进行各种测量的公用部分。表头内部有一个可动的线圈（称为动圈），它的电阻 R_g 称为表头的内阻。动圈处于永久磁铁的磁场中，当动圈通有电流之后会受到磁场力的作用而发生偏转。固定在动圈上的指针随着动圈一起偏转的角度，与动圈中的电流成正比。当指针指示到表盘刻度的满刻度时，动圈中所通过的电流称为满偏电流 I_g。R_g 与 I_g 是表头的两个主要参数。

（1）直流电压的测量

将表头串联一只分压电阻 R，即构成一个简单的直流电压表，如图 1-5 所示。

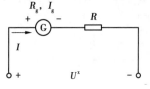

图 1-5 电压表的改装

测量时将电压表并联在被测电压 U_x 的两端,通过表头的电流与被测电压 U_x 成正比,即

$$I = \frac{U_x}{R + R_g}$$

在万用表中,用转换开关分别将不同数值的分压电阻与表头串联,即可得到几个不同的电压量程。

（2）直流电流的测量

将表头并联一只分流电阻 R,即构成一个简单的直流电流表,如图 1-6 所示。设被测电流为 I_x,则通过表头的电流与被测电流 I_x 成正比,即

$$I_G = \frac{R}{R_g + R} I_x$$

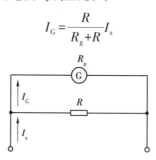

图 1-6　电流表的改装

分流电阻 R 由电流表的量程 I_g 和表头参数确定,即 $R = \frac{I_g}{I_G - I_g} R_g$。实际万用表是利用转换开关将电流表制成多量程的,如图 1-7 所示。

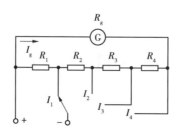

图 1-7　多量程电流挡

二、利用万用表测量直流电路的电压

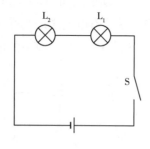

图 1-8　串联电路

（1）串联电路

按照图 1-8 组成串联电路。连接电路前,先要画好电路图。电路的连接要按照一定的顺序进行,可以从电池的正极开始,依次连接开关 S、灯泡 L_1、灯泡 L_2,最后连接到电池负极;也可以从电池负极开始,依次连接灯泡 L_2、灯泡 L_1、开关 S,最后连接到电池正极。经检查电路连接无误后,闭合和断开开关 S,观察开关控制两只灯泡的情况,并用万用表分别测量灯泡两端的电压值、电流值。

（2）并联电路

按照图 1-9 组成并联电路,经检查电路连接无误后,把 3 个开关全部闭合,并用万用表分别测量灯泡两端的电压值、电流值。

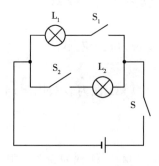

图 1-9　并联电路

▶任务评价

任务过程评价表见表 1-5。

表 1-5　任务过程评价表

序　号	评价要点	配分/分	得分/分	总　评
1	任务实训准备、知识准备充分	15		
2	能正确地完成电路板的焊接组装	5		A(80 分及以上)　□
3	能给电路板正确接入直流电源	5		B(70~79 分)　□
4	能正确使用万用表完成直流电压、直流电流的测量	55		C(60~69 分)　□
5	小组合作、协调、沟通能力	10		D(59 分及以下)　□
6	7S 管理素养	10		

▶知识拓展

如图 1-10 所示为某万用表的直流电压表部分电路,5 个电压量程分别是 $U_1 = 2.5$ V, $U_2 = 10$ V, $U_3 = 50$ V, $U_4 = 250$ V, $U_5 = 500$ V,已知表头参数 $R_g = 3$ kΩ , $I_g = 50$ μA。试求电路中的各分压电阻 R_1、R_2、R_3、R_4、R_5 的阻值。

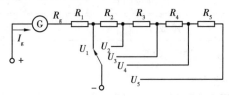

图 1-10　某万用表的直流电压表部分电路图

解:利用电压表扩大量程公式 $R=(n-1)R_g$，其中 $n=\dfrac{U_n}{U_g}$，$U_g=R_gI_g=0.15$ V。

① 求 R_1：$n_1=\dfrac{U_1}{U_g}\approx16.67$，$R_1=(n_1-1)R_g\approx47$ kΩ

② 求 R_2：把 $R_{g2}=R_g+R_1=50$ kΩ 视为表头内阻，$n_2=\dfrac{U_2}{U_1}=4$，则 $R_2=(n_2-1)R_{g2}=150$ kΩ

③ 求 R_3：把 $R_{g3}=R_g+R_1+R_2=200$ kΩ 视为表头内阻，$n_3=\dfrac{U_3}{U_2}=5$，则 $R_3=(n_3-1)R_{g3}=800$ kΩ

④ 求 R_4：把 $R_{g4}=R_g+R_1+R_2+R_3=1\,000$ kΩ 视为表头内阻，$n_4=\dfrac{U_4}{U_3}=5$，则 $R_4=(n_4-1)R_{g4}=4\,000$ kΩ $=4$ MΩ

⑤ 求 R_5：把 $R_{g5}=R_g+R_1+R_2+R_3+R_4=5$ MΩ 视为表头内阻，$n_5=\dfrac{U_5}{U_4}=2$，则 $R_4=(n_5-1)R_{g5}=5$ MΩ

任务三　验证欧姆定律

▶任务描述

在电路中,电压、电流和电阻之间有什么关系呢？下面我们通过对欧姆定律的学习来理解这一点。

▶任务准备

一、实训准备

按照分组,各小组讨论人员分工合作情况;然后各组准备组装直流电路所需的电路板、工具、资料等,实训准备清单见表1-6。

表1-6　实训准备清单

准备名称	准备内容	准备情况	负责人
电路板	组装好的直流电路板		
工具	万用表、直流稳压电源等		
资料	教材、任务书等		

二、知识准备

欧姆定律包括部分电路的欧姆定律和全电路的欧姆定律。

（1）部分电路的欧姆定律

流经负载的电流 I 与加在电路两端的电压成正比，与电路的电阻 R 成反比，用公式表示为

$$I = \frac{U}{R}$$

（2）全电路的欧姆定律

通过全电路的电流 I，与电源电动势 E 成正比，与全电路的电阻 $(R+r)$ 成反比，用公式表示为

$$I = \frac{E}{R + r}$$

（3）端电压

IR 称为外电路的电压降，也是电源两端的电压，简称端电压；Ir 称为内电路的电压降。当断路时端电压等于电源电动势。端电压随电路电流的增大而降低，原因在于电源存在内阻，所以我们希望电源内阻小一些，这样内电阻分压小，输出的端电压就大一些。

【例题1-2】在闭合回路中，已知电源的电动势 $E = 24$ V，内阻 $r = 2$ Ω，外电阻 $R = 6$ Ω，求：①电路中的电流；②电源的端电压。

解：①由全电路的欧姆定律可知，电路中的电流为

$$I = \frac{E}{R + r} = \frac{24}{6 + 2} \text{ A} = 3 \text{ A}$$

②电源的端电压为

$$U = E - Ir = (24 - 3 \times 2) \text{ V} = 18 \text{ V}$$

▶**任务实施**

验证欧姆定律

1.电路图

请画出电路图。

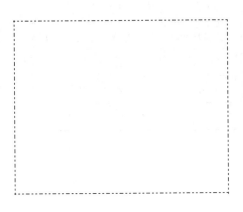

2.实物图

将以下实物连接成电路。

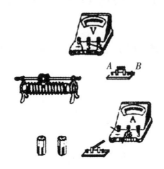

3.实验步骤

①保持电阻 R 不变,研究电流 I 与电压 U 的关系。

a.断开开关,按照电路图连接电路,滑动变阻器滑片处于_____位置。

b.闭合开关,移动滑动变阻器滑片,使电压表达到某电压值,读出此时电压表的_____值和电流表的_____值并记录。

c.继续调节_____改变电阻 R 的_____值,读出此时电压表的_____值和电流表的_____值并记录。

d.重复上述实验,并记录。分析、比较数据得出结论。

②保持电阻 R 两端的电压 U 不变,研究电流 I 与电阻 R 的关系。

a.断开开关,按照电路图连接电路,滑动变阻器滑片处于_____位置。

b.闭合开关,移动滑动变阻器滑片使电压表达到某电压值,读出此时电阻 R 的_____值和电流表的_____值并记录。

c.断开开关,换接另一电阻 R,闭合开关,调节_____,保持_____值不变,读出此时电阻 R 的_____值和电流表的_____值并记录。

d.断开开关,换接另一电阻 R,闭合开关,调节_____,保持_____值不变,读出此时电阻 R 的_____值和电流表的_____值并记录。分析、比较数据得出结论。

4.分析数据

①保持 R 不变,研究 I 与 U 的关系。

$$R = \underline{\quad 10 \quad} \ \Omega$$

实验序号	U/V	I/A
a	1	
b	2	
c	3	

②保持 U 不变,研究 I 与 R 的关系。

$$U= \underline{\quad 3 \quad} \text{V}$$

实验序号	R/Ω	I/A
a	5	
b	10	
c	15	

▶任务评价

任务过程评价表见表1-7。

表 1-7　任务过程评价表

序　号	评价要点	配分/分	得分/分	总　评
1	任务实训准备、知识准备充分	15		
2	能正确地完成验证欧姆定律的电路连接	5		A(80分及以上)　□
3	能正确利用电压表读数	5		B(70~79分)　□
4	能正确填写任务表格,验证欧姆定律	55		C(60~69分)　□
5	小组合作、协调、沟通能力	10		D(59分及以下)　□
6	7S 管理素养	10		

▶课后练习

(一)填空题

1.电路的基本组成有_____、_____、_____、_____。

2.电源就是将其他形式的能量转换成_____的装置。

3.电路就是_____通过的路径。

4.把_____内通过某一导体横截面的电荷量定义为电流,用 I 表示。

5.某点的电位就是该点到_____的电压。

6.任意两点间的电压就是_____的电位差。

7.电源开路时,电源两端的电压就等于电源的_____。

（二）选择题

1.在下图所示的电路中,A、B 端电压 $U_{AB}=$ _____。

A.−2 V   B.2 V   C.−1 V   D.3 V

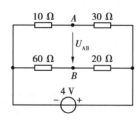

2.在下图所示的电路中,电源两端电压 $U=$ _____。

A.15 V   B.10 V   C.20 V   D.−15 V

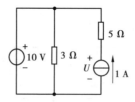

3.在下图所示的电路中,电流值 $I=$ _____。

A.2 A   B.4 A   C.6 A   D.−2 A

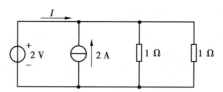

4.在闭合电路中,负载电阻增大,则端电压将（   ）。

A.减小   B.增大   C.不变   D.不能确定

（三）简答题

1.电动势与电压有什么不同?

2.用万用表的直流电流挡测量直流电流时该怎样连接? 测量时要注意哪些问题?

3.用万用表的直流电压挡测量直流电压时该怎样连接? 测量时要注意哪些问题?

4.全电路的欧姆定律内容是什么?

（四）计算题

1.电源的电动势为 1.5 V,内电阻为 0.12 Ω,外电路的电阻为 1.38 Ω,求电路中的电流和端电压。

2.如下图所示,电源电压为 8 V,电阻 $R_1 = 4R_2$,电流表的示数为 0.2 A,求电阻 R_1 和 R_2 的阻值。

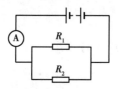

项目二 电阻的串、并联

知识目标

1.知道电阻的作用。

2.知道电阻的分类。

3.记住电阻的图形符号。

4.知道串、并联电阻的特点。

5.知道基尔霍夫定律的内容。

技能目标

1.能认识不同外形的电阻。

2.会识读电阻的阻值。

3.会用万用表测量串、并联电路的电阻。

4.会组装串、并联及混联电路。

情感目标

1.培养学生观察、分析能力。

2.培养学生7S管理素养。

▶项目描述

拆开收音机电路板、电视机电路板后见得最多的就是电阻、电容、电感等元器件,它们是电子设备中常用的元器件,也是交流电中3种基本的元件。你知道它们是怎么连接的吗?本项目就来完成电阻元件的串联、并联、混联。

任务一 搭建串、并联电路

▶任务描述

认识各种电阻,用万用表测电阻的阻值,在万能板上组装串联电路、并联电路和混联电路。

▶任务准备

一、实训准备

按照分组,各小组讨论人员分工合作情况;然后各组准备组装串联电路、并联电路和混联电路所需的元器件、工具、耗材、资料等,实训准备清单见表2-1。

表2-1 实训准备清单

准备名称	准备内容	准备情况	负责人
元器件	电池、不同阻值的电阻等		
工具	万用表、电烙铁、斜口钳、镊子等		
耗材	导线、焊锡丝、松香等		
资料	教材、任务书等		

二、知识准备

1.认识各种电阻

电阻种类繁多,各种类型的电阻见表2-2。

表2-2 各种类型的电阻

实物图	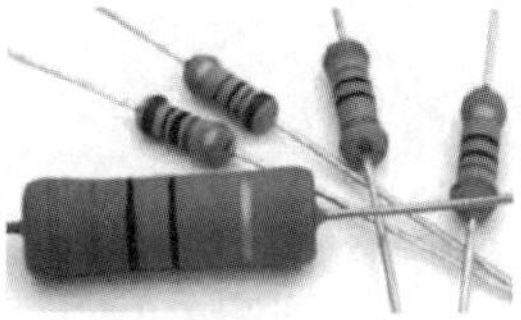	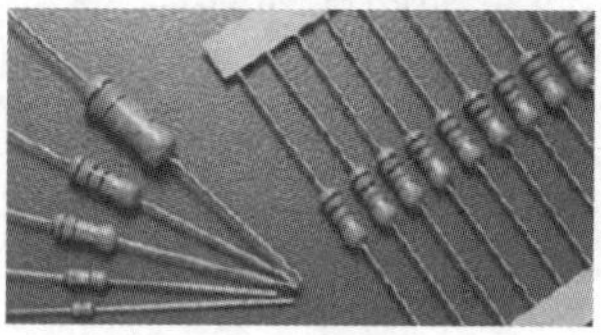	
名称	碳膜电阻1	碳膜电阻2	金属膜电阻
实物图	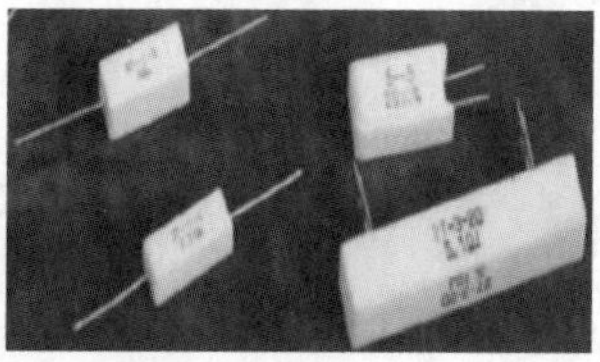	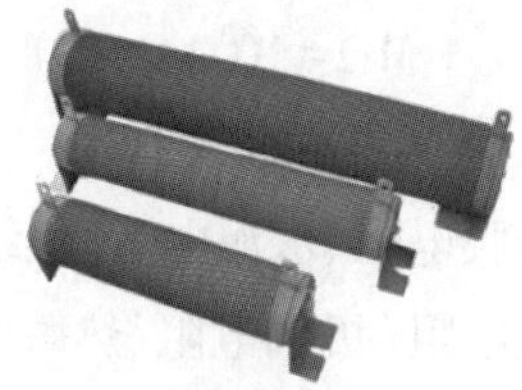	
名称	水泥电阻	线绕电阻1	线绕电阻2
实物图			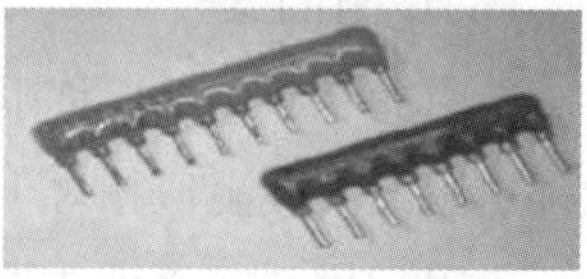
名称	光敏电阻	热敏电阻	排阻

续表

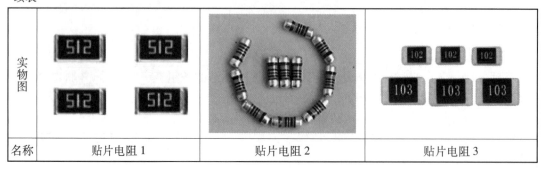

实物图			
名称	贴片电阻 1	贴片电阻 2	贴片电阻 3

2.电阻的基本知识

（1）电阻

导体对电流的阻碍作用,称为电阻。

（2）电阻定律

$$R = \frac{\rho L}{S}$$

上式中,ρ 为电阻率,L 为导体长度,S 为导体横截面面积,R 为导体电阻。另外导体的电阻还与温度有关系,与加在导体两端的电压和通过的电流无关。

（3）电阻的符号

电阻用字母 R 表示,其图形符号如图 2-1 所示。

（a）   （b）

图 2-1　电阻的图形符号

（4）电阻的单位

电阻的单位有欧姆（Ω）、千欧（$k\Omega$）、兆欧（$M\Omega$）等,其换算关系为

$$1 \ M\Omega = 10^3 \ k\Omega = 10^6 \ \Omega$$

（5）电阻的分类

①按材料分:碳膜电阻、金属膜电阻、水泥电阻、线绕电阻。

②按结构分:固定电阻、可变电阻（可调电阻、热敏电阻、光敏电阻）。

③按稳定性分:普通电阻、精密电阻。

④按安装方式分:直插电阻、贴片电阻。

（6）电阻的参数

电阻的参数包括标称阻值和允许误差。标称阻值即电阻表面标出的电阻阻值。允许误差即电阻的实际阻值相对于标称阻值允许的最大误差范围。

电阻常用误差表示法见表 2-3,常用电阻阻值（30 种）见表 2-4。

表 2-3 电阻常用误差表示法

百分比表示	色标表示	字母表示
±1%	棕	F
±2%	红	G
±5%	金	J
±10%	银	K
±20%	无色	M

表 2-4 常用电阻阻值表

5 Ω	51 Ω	510 Ω	5.1 kΩ	510 kΩ	56 kΩ
10 Ω	100 Ω	1 kΩ	10 kΩ	100 kΩ	1 MΩ
200 Ω	2.2 kΩ	20 kΩ	200 kΩ	12 kΩ	15 kΩ
470 Ω	4.7 kΩ	47 kΩ	620 Ω	68 kΩ	430 kΩ
750 Ω	7.5 kΩ	75 kΩ	820 Ω	8.2 kΩ	82 kΩ

【练一练】

①请根据教师说出的各种电阻名称,找出对应的电阻。

②请根据教师展示的电阻,说出电阻的名称。

(7)电阻阻值的 4 种标注法

电阻阻值有 4 种标注法,即直标法、文字符号法、数码法和色环法。电阻阻值可通过不同的标注方式进行识读。

①直标法识读电阻阻值。

用直标法识读电阻阻值的实例,如图 2-2 所示。

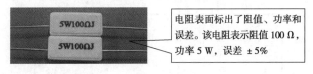

电阻表面标出了阻值、功率和误差。该电阻表示阻值 100 Ω,功率 5 W, 误差 ±5%

图 2-2 直标法

②文字符号法识读电阻阻值。

文字符号法识读电阻阻值的实例,如图 2-3 所示。

（a） （b）

图 2-3 文字符号法

图 2-3(a)的电阻值为 6.2 Ω,允许误差±5% ;图 2-3(b)的电阻值为 3.6 kΩ,允许误差±10%。

文字符号法中标注符号的意义,见表 2-5。

表 2-5　文字符号法中标注符号的意义

标注符号	R	K	M	G	T
单位	欧	千欧	兆欧	千兆欧(吉欧)	兆兆欧(太欧)

注意:阻值的整数部分和小数部分分别标在单位符号的前面和后面。

③数码法识读电阻阻值。

如图 2-4 所示电阻,其阻值为:$47×10^3$ Ω＝47 kΩ。

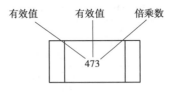

图 2-4　数码法

④色环法识读电阻阻值。

正确识别电阻首环,是色环法识读电阻阻值的重要内容,具体方法如下:

a.离端部近的为首环;

b.端头任一环与其他较远的一环为最后一环,表示误差;

c.金、银在端头的为最后一环;

d.黑在端头的为倒数第二环,并且末环为无色;

e.紫、灰、白一般不会是倍率环,即不大可能为倒数第二环。

电阻色环的含义及色标符号的意义如图 2-5 所示。

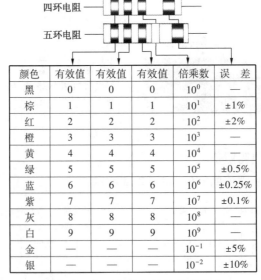

颜色	有效值	有效值	有效值	倍乘数	误　差
黑	0	0	0	10^0	—
棕	1	1	1	10^1	±1%
红	2	2	2	10^2	±2%
橙	3	3	3	10^3	—
黄	4	4	4	10^4	—
绿	5	5	5	10^5	±0.5%
蓝	6	6	6	10^6	±0.25%
紫	7	7	7	10^7	±0.1%
灰	8	8	8	10^8	—
白	9	9	9	10^9	—
金	—	—	—	10^{-1}	±5%
银	—	—	—	10^{-2}	±10%

图 2-5　色环含义及色标符号意义

注意:

四色环:第一、二位表示有效值,第三位表示倍乘数,第四位表示误差。

五色环:第一、二、三位表示有效值,第四位表示倍乘数,第五位表示误差。

(8)识读电阻的功率

常见电阻的功率分类见表2-6。

表2-6 常用电阻的功率分类

功 率	实物图	功 率	实物图
1/16W	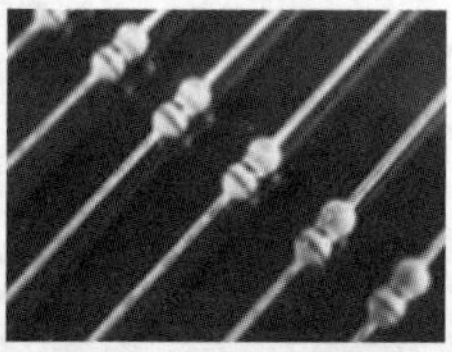	1W	
1/8W	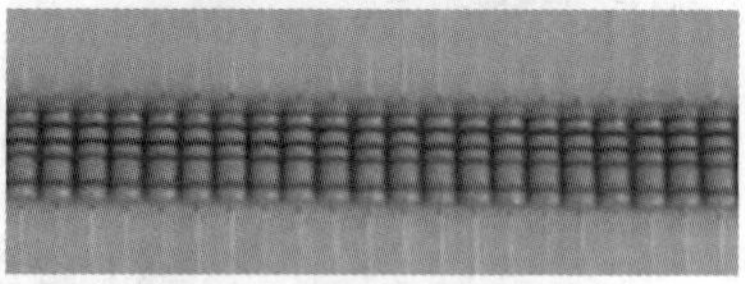	5W	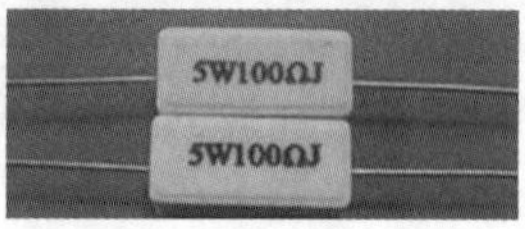
1/4W	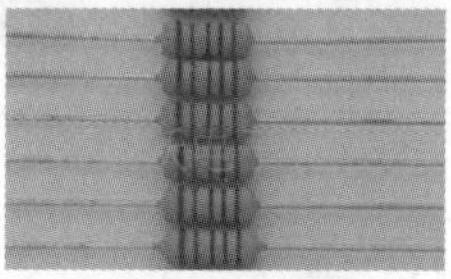	10W	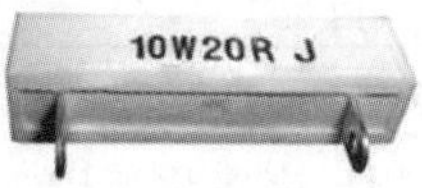
1/2W	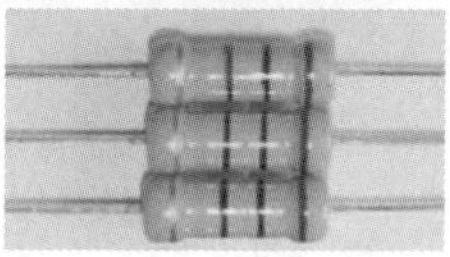	/	/

注意:电阻的功率是指在环境温度下电阻长期稳定工作所能承受的最大功率。

(9)测量电阻的阻值

用万用表测量电阻阻值的步骤及方法见表2-7。

表2-7 用万用表测量电阻阻值的步骤及方法

步 骤	方 法	
	指针式万用表	数字式万用表
第一步 选挡	调到欧姆挡适当量程 	调到电阻挡适当量程 

续表

步　骤	方　法	
	指针式万用表	数字式万用表
第二步 调零	将两表笔短接，调节欧姆调零旋钮，使指针指到零的位置 	将两表笔短接，显示值趋于0，同时能听到二极管发出声响 
第三步 测量	表笔不分红、黑，分别接电阻的两引脚，将指针指示阻值记录下来，乘以挡位倍率，则为电阻值 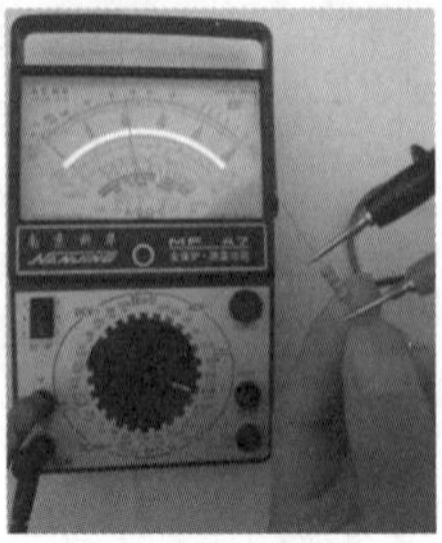	表笔不分红、黑，接电阻的两端，将显示值记录下来，得出的数字为电阻值 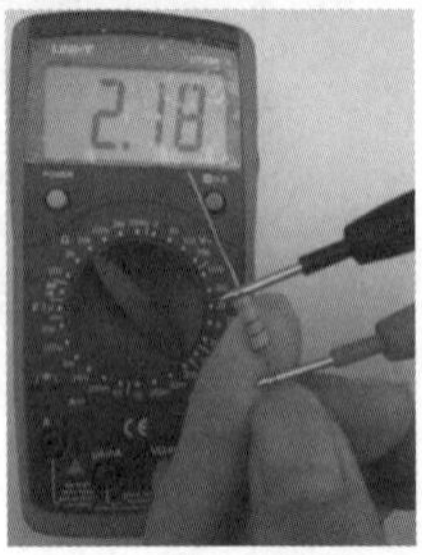

注意：测量完毕将万用表拨到交流电压最高挡或 OFF 挡。

【练一练】

①请用指针式万用表测自己双手之间的电阻值。

②请用数字式万用表测自己双手之间的电阻值。

▶课后练习

1.写出表 2-8 中电阻对应的阻值。

表 2-8　电阻读数表

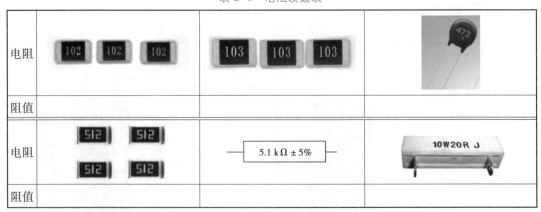

2.快速读出下面 4 个色环电阻的阻值和误差。

棕黑红金：_____；　　红红黑红棕：_____；

绿棕黑金：_____；　　黄紫橙黄棕：_____。

3.根据电阻的阻值反推色环。

阻值：820 Ω±10%,色环：_____；

阻值：7.5 kΩ±2%,色环：_____。

4.电阻的基本连接方式

（1）电阻的串联

将两个或两个以上的电阻逐个顺次首尾相连,使电流只有一条通路的连接方法,称为电阻的串联,如图2-6所示。

（2）电阻的并联

将几个电阻首端与首端、末端与末端分别连接在两个公共点之间,这种连接方法称为电阻的并联,如图2-7所示。

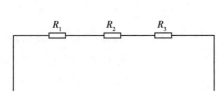

图2-6　电阻的串联

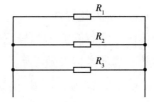

图2-7　电阻的并联

（3）电阻的混联

在一个电路中既有电阻的串联,又有电阻的并联,称为电阻的混联。

▶任务实施

①用万用表测出几个阻值不同的电阻备用。

②用3个电阻在万能板上组装、焊接串联电路。

③用3个电阻在万能板上组装、焊接并联电路。

④用3个电阻在万能板上组装、焊接先并联后串联的混联电路。

⑤用3个电阻在万能板上组装、焊接先串联后并联的混联电路。

▶任务评价

任务过程评价表见表2-9。

表2-9　任务过程评价表

序号	评价要点	配分/分	得分/分	总　评
1	任务实训准备、知识准备充分	20		
2	能正确识别与检测元器件并完成串联电路	15		A(80分及以上) □
3	能正确识别与检测元器件并完成并联电路	15		B(70~79分) □
4	能正确识别与检测元器件并完成先并联后串联的混联电路	15		C(60~69分) □
5	能正确识别与检测元器件并完成先串联后并联的混联电路	15		D(59分及以下) □
6	小组合作、协调、沟通能力	10		
7	7S 管理素养	10		

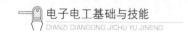

▶知识拓展

超导现象

导体电阻会随温度的变化而变化,不同材料因温度变化引起电阻阻值的变化情况是不同的。一般情况下,电阻随温度的升高而增大。热敏电阻就是利用电阻阻值随温度变化这一特性制成的,这种电阻的阻值对温度变化非常敏感。热敏电阻具有许多独特的优点和用途,在自动化控制、无线电子技术、遥控技术及测温技术等方面有着广泛的应用。少数合金电阻几乎不受温度影响,常用来制作标准电阻。

1911 年,荷兰物理学家昂尼斯发现,当温度降到 4.15 K(-269 ℃)附近时,水银的电阻会突然变为零。当温度降到一定数值时,金属电阻变为零的现象称为超导现象;能够发生超导现象的物质,称为超导体。

超导体由正常态转变为超导态的温度称为这种物质的转变温度(或临界温度)T_c。现已发现大多数金属元素以及数千种合金、化合物都可以在不同温度下显示出超导性,如钨的转变温度为 0.012 K、锌为 0.75 K、铝为 1.196 K、铅为 7.193 K。而且超导临界温度的纪录不断地被打破,超导体临界温度的提高为超导体的应用开辟了广阔的前景。随着超导理论的进一步完善和发展、超导体新材料的继续研制,超导体必将对整个社会发展产生巨大的推动作用。我国高温超导材料的研究已经位居世界前列。

超导体的应用可分为三类:强电应用、弱电应用和抗磁性应用。强电应用即大电流应用,包括超导发电、输电和储能;弱电应用即电子学应用,包括超导计算机、超导天线、超导微波器件等;抗磁性应用主要包括磁悬浮列车和热核聚变反应堆等。

任务二　测量串、并联电阻

▶任务描述

前面已经认识了各种电阻,学会了用万用表测电阻值,组装了两个简单的混联电路,接下来我们要用万用表来测量串联、并联电路的电阻。

▶任务准备

一、实训准备

按照分组,各小组讨论人员分工合作情况;然后各组准备组装串联电路、并联电路所需的电路板、工具、资料等,实训准备清单见表 2-10。

表 2-10　实训准备清单

准备名称	准备内容	准备情况	负责人
电路板	组装好的串联电路板、并联电路板		
工具	万用表、直流稳压电源等		
资料	教材、任务书等		

二、知识准备

1.串联电路的特点

①串联电路各处的电流相等,即

$$I = I_1 = I_2 = \cdots = I_n$$

②电路中的总电压等于各个电阻上的电压之和,即

$$U = U_1 + U_2 + \cdots + U_n$$

③电路中的总电阻等于各串联电阻之和,即

$$R = R_1 + R_2 + \cdots + R_n$$

④电路中各个电阻两端的电压与电阻成正比,即

$$\frac{U_1}{U_2} = \frac{R_1}{R_2}$$

2.电阻串联的应用

①用几个电阻的串联来获得阻值较大的电阻。

②用几个电阻的串联构成分压器,使同一电源能提供多个不同的电压。

③负载额定电压低于电源电压时,可用串联电阻的办法来分得一定电压,满足负载正常工作的需求。

④利用串联电阻的方法来限制和调节电路中的电流。例如,用滑动变阻器来改变电路中的电流。

⑤在电工测量中利用串联电阻的方法来扩大电压表的量程。

3.并联电路的特点

①电路中各并联支路两端的电压相等,即

$$U = U_1 = U_2 = \cdots = U_n$$

②电路中干路电流等于各支路电流之和,即

$$I = I_1 + I_2 + \cdots + I_n$$

③电路中总电阻的倒数等于各个电阻的倒数之和,即

$$\frac{1}{R} = \frac{1}{R_1} + \frac{1}{R_2} + \cdots + \frac{1}{R_n}$$

④电路中通过各支路的电流与各支路的电阻成反比,即

$$\frac{I_1}{I_2} = \frac{R_2}{R_1}$$

4.电阻并联的应用

①凡是工作电压相同的负载几乎都是并联。例如,工厂中的各种电动机、电炉、电烙铁,各种照明灯具,各家各户的家用电器都是并联使用的。

②用几个电阻的并联来获得阻值较小的电阻。

③如果电路中的电流超过某个元件所允许的最大电流,可并联一个适当的电阻,以使通过元件的电流减小到允许的数值。

④在电工测量中利用并联电阻的方法来扩大电流表的量程。

▶**任务实施**

一、电阻串联电路

搭接如图 2-8 所示的电阻串联电路,并用万用表测量电路中的电阻、直流电流、直流电压,总结出串联电路的特点。

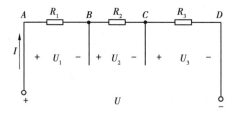

图 2-8　电阻串联电路

a.用万用表测出图 2-8 串联电路中 R_1,R_2,R_3;R_1 和 R_2 的总电阻 R_{12};R_2 和 R_3 的总电阻 R_{23};R_1,R_2,R_3 的总电阻 R_{123}。将测量值填入表 2-11 中。

表 2-11　测得的各电阻值

所测物理量	测量结果/Ω
R_1	
R_2	
R_3	
R_{12}	
R_{23}	
R_{123}	

验证:$R_{12}=R_1+R_2$;$R_{23}=R_2+R_3$;$R_{123}=R_1+R_2+R_3$。

b.用万用表测量图2-8中的电流 I_A, I_B, I_C, I_D, 并将测量值填入表2-12中。

表2-12　测得的各电流值

所测物理量	测量结果/A
I_A	
I_B	
I_C	
I_D	

验证: $I_A = I_B = I_C = I_D$。

c.用万用表测量图2-8中的电压 U_1, U_2, U_3, U, 并将测量值填入表2-13中。

表2-13　测得的各电压值

所测物理量	测量结果/V
U_1	
U_2	
U_3	
U	

验证: $U_1 + U_2 + U_3 = U$。

二、电阻并联电路

搭接如图2-9所示的电阻并联电路,并用万用表测量电路中的电阻、直流电流、直流电压,总结出并联电路的特点。

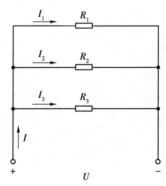

图2-9　电阻并联电路

①用万用表测量图2-9中的电流 I_1, I_2, I_3, I, 并将测量值填入表2-14中。

表 2-14　测得的各电流值

所测物理量	测量结果/A
I_1	
I_2	
I_3	
I	

验证：$I_1+I_2+I_3=I$。

②用万用表测量图 2-9 中 R_1 的电压 U_1、R_2 的电压 U_2、R_3 的电压 U_3、电源电压 U，并将测量值填入表 2-15 中。

表 2-15　测得的各电压值

所测物理量	测量结果/V
U_1	
U_2	
U_3	
U	

验证：$U_1=U_2=U_3=U$。

▶任务评价

任务过程评价表见表 2-16。

表 2-16　任务过程评价表

序号	评价要点	配分/分	得分/分	总评
1	任务实训准备、知识准备充分	10		
2	能在电路板上正确连接电路	5		
3	能正确测出各个电阻值	15		
4	能验证串联、并联电阻的 3 个关系	10		A（80 分及以上）□
5	能正确测出电流值	15		B（70~79 分）□
6	能验证串联、并联电路的电流特点	10		C（60~69 分）□
7	能正确测出电压值	15		D（59 分及以下）□
8	能验证串联、并联电路的电压特点	10		
9	小组合作、协调、沟通能力	5		
10	7S 管理素养	5		

▶**知识拓展**

电阻的混联

计算电阻混联电路电流、电压的步骤和方法如下：

①将电阻混联电路分解成若干个只含电阻串联或并联的电路,并求出它们各自的等效电阻,用等效电阻去代替原电路中的串、并联电阻,将电路简化,如图 2-10 所示。

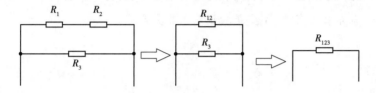

图 2-10　电阻的混联

②根据欧姆定律,计算等效电路中的总电流。

③根据要求,计算所需的电流和电压。

▶**课后练习**

1.负载额定电压低于电源电压时,可用_____的办法来分得一定电压,满足负载正常工作的需求。

2.凡是工作电压相同的负载几乎都是_____联(填"串"或"并")。

3.两个电阻并联,其阻值之比为 2 : 3,则流过这两个电阻的电流之比为_____。

4.电阻 R_1、R_2 串联,R_1 为 4 Ω,R_2 为 6 Ω,总电压为 3 V,则电路中的电流是多少？每个电阻两端的电压是多少？

5.电阻 R_1、R_2 并联,R_1 为 4 Ω,R_2 为 6 Ω,总电流为 3 A,则流过每个电阻的电流是多少？

6.一个 110 V/8 W 的指示灯,欲接到 220 V 的电源上使用。为使该指示灯正常工作,应串联多大的分压电阻？该电阻的功率应为多大？

任务三　验证基尔霍夫定律

▶任务描述

前面我们用万用表测出了串联、并联电路的电阻特点,接下来我们来学习解决复杂电路的研究方法——基尔霍夫定律,主要是验证基尔霍夫定律。

▶任务准备

一、实训准备

按照分组,各小组讨论人员分工合作情况;然后各组准备组装复杂电路所需的电路板、工具、资料,实训准备清单见表 2-17。

表 2-17　实训准备清单

准备名称	准备内容	准备情况	负责人
电路板	组装好复杂电路板		
工具	万用表、电池组(两组)等		
资料	教材、任务书等		

二、知识准备

复杂电路是指不能简单地用电阻串、并联的计算方法化简的电路,分析复杂电路主要依据电路的两条基本定律——欧姆定律和基尔霍夫定律,基尔霍夫定律既适用于直流电路,又适用于交流电路和含有电子元器件的非线性电路,它是分析电路的基本定律。

1.复杂电路

为了研究复杂电路,必须先明确以下 4 个概念。

①支路:电路中的各个分支称为支路。在图 2-11 所示电路中,U_{S1} 和 R_1、U_{S2} 和 R_2、R_3 分别组成 3 条支路。

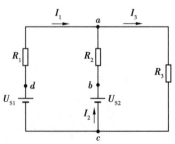

图 2-11　复杂电路

②节点:3条或3条以上支路的连接点称为节点。如图2-11所示,电路中,a、c都是节点。

③回路:电路中的任一闭合路径称为回路。如图2-11所示,aR_3cba、$abcda$、aR_3cda是3条回路。

④网孔:内部不含支路的回路称为网孔。如图2-11所示,aR_3cba、$abcda$是两个网孔。

2.基尔霍夫定律

(1)基尔霍夫节点电流定律

其含义为:对于电路中任一节点,注入节点的电流之和等于流出节点的电流之和,即

$$\sum I_\text{入} = \sum I_\text{出}$$

如图2-11中,对于节点a有:$I_1+I_2=I_3$。

(2)基尔霍夫电压定律

在任意回路中,从一点出发绕回路一周回到该点时,各段电压的代数和等于零。用公式表示为

$$\sum U = 0$$

如图2-11中,对于回路$abcda$有:$U_{ab}+U_{bc}+U_{cd}+U_{da}=0$。

在列电压方程时,应注意:

①选取回路绕行方向。回路可按顺时针方向绕行,也可按逆时针方向绕行。

②确定各段电压的参考方向。电阻两端的电压由绕行方向和电流方向决定。绕行方向与电流方向相同,取正;绕行方向与电流方向相反,取负。电源两端的电压:绕行方向从正极到负极取正;绕行方向从负极到正极取负。

▶任务实施

①在3个支路中各串入一个电流表,如图2-12(a)所示。将各支路电流记录于表2-18中,并通过分析总结出3条支路电流的关系。

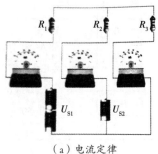
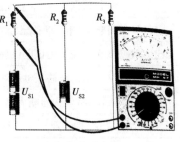

（a）电流定律　　　　　　　（b）电压定律

图2-12　基尔霍夫定律实验电路

41

表 2-18　测得的电流值

所测物理量	测量结果/A
I_1	
I_2	
I_3	

验证基尔霍夫电流规律：$I_1+I_2=I_3$。

②如图 2-12(b)所示,用万用表电压挡测量某一回路中各段电压的数值记录于表 2-19 中,并通过分析总结出回路电压的关系。

表 2-19　测得的电压值

所测物理量	测量结果/V
U_1	
U_2	
U_{s1}	
U_{s1}	

验证基尔霍夫电压规律：$U_1-U_2+U_{s2}-U_{s1}=0$。

▶任务评价

任务过程评价表见表 2-20。

表 2-20　任务过程评价表

序　号	评价要点	配分/分	得分/分	总　评	
1	任务实训准备、知识准备充分	10		A(80 分及以上)	□
2	能正确测出 3 个电流值验证电流规律	30		B(70~79 分)	□
3	能正确测出 4 个电压值验证电压规律	40		C(60~69 分)	□
4	小组合作、协调、沟通能力	10		D(59 分及以下)	□
5	7S 管理素养	10			

▶知识拓展

基尔霍夫定律的应用

应用基尔霍夫定律解题的一般步骤如下:

①标出各支路的电流方向和网孔电压的方向。

②根据基尔霍夫电流定律列出节点电流方程(若有 N 个节点,只需列 $N-1$ 个电流方程)。

③根据基尔霍夫电压定律列出网孔的回路电压方程(若有 M 个网孔,只需列 $M-1$ 个电压方程)。

④联立以上方程求解各支路的电流。

⑤确定各支路电流的实际方向。当支路电流计算结果为正值时,其实际电流方向与参考电流方向相同,反之则相反。

▶课后练习

如图 2-13 所示,试求:各支路电路的 I_1、I_2、I_3。

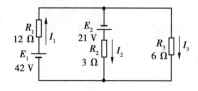

图 2-13　练习题图

项目三　电容与电感

▶项目目标

知识目标

1.理解电容与电感的定义和表示方法。

2.了解电容器的分类。

3.掌握电容器的连接方式以及相关计算。

4.理解电容器的充放电原理。

5.掌握电磁感应现象产生的条件。

6.理解电磁感应中电能的转换。

技能目标

1.能认识并画出常见电容器和电感器的符号。

2.能读出电容器的参数。

3.能正确识别电容器的连接方式。

4.能组装电容器充放电的电路。

5.能组装电磁感应实验电路。

6.能判断感应电流、感应电动势的方向。

情感目标

1.培养学生严谨的工作态度和精益求精的工匠精神。

2.培养学生 7S 管理素养。

图 3-1　手机闪光灯

▶项目描述

随着自媒体的发展,人们对手机拍照功能的要求也越来越高。现在几乎所有的手机摄像都已经具备了闪光功能。图 3-1 为某手机亮起的闪光灯,是什么原因让闪光灯迅速地发出白色的亮光呢? 本项目将以认识电容器,组装、测量电容器充放电电路为基础,了解电容器的充放电的应用,理解电磁感应中电能的转换。

任务一 搭建电容器的充放电电路

▶任务描述

手机闪光灯是利用电容器的充放电原理实现的,本任务将以认识电容器,组装、测量电容器充放电电路为基础,了解电容器的充放电的应用。

▶任务准备

一、实训准备

按照分组,各小组讨论人员分工合作情况;然后各组准备组装电容器充放电电路所需的元器件、工具、耗材、资料等,实训准备清单见表3-1。

表3-1 实训准备清单

准备名称	准备内容	准备情况	负责人
元器件	直流电源、电容器、电阻、开关、LED灯、万能板等		
工具	万用表、电烙铁、斜口钳、镊子、吸焊枪、计时器等		
耗材	导线、焊锡丝、松香等		
资料	教材、任务书等		

二、知识准备

电容器是一种储存电荷的"容器",通常简称为"电容"。它是组成电子电路的基本元件之一,在电子设备中被大量使用。

1.电容器的功能与特性

电容器可以储存电荷或者电能。利用电容器充、放电和隔直通交的特性,在电路中用于交流耦合、滤波、隔直、交流旁路、调谐、能量转换和组成振荡电路等。

电容器的结构非常简单:将两块电极板相对,中间用绝缘物质(称为电介质)分隔开,就构成了电容器,如图3-2所示。不同种类的电容器的电介质使用不同的材料。

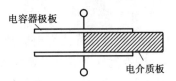

图3-2 电容器的结构

2.电容器的图形符号及定义

在电路图中,常见电容器的图形符号及名称见表3-2,文字符号为大写字母"C",当电路中有多个电容器时,增加下标数字加以区分,如 C_1、C_2、C_3。

表 3-2　常见电容器的图形符号及名称

图形符号	—∣∣—	—+∣∣—	≠	≠	≠ ≠
名称	电容器	电解电容器	可变电容器	微调电容器	同轴双可变电容器

电容器的电荷 Q 增加(或减少)时,电容器的电压 U 也随之升高(或降低),但两者的比值是一个常数。电容器所带的电荷 Q 和它两极间的电压 U 的比值称为电容器的电容,用字母 C 来表示。

$$C = \frac{Q}{U}$$

在国际单位中,电压的单位是 V,电荷的单位是 C,电容的单位是 F。常用的有 μF(微法)、pF(皮法)。

$$1\ F = 10^6\ \mu F = 10^{12}\ pF$$

3.电容器的检测

(1)检测 10 pF 以下的小电容器

因 10 pF 以下的固定电容器容量太小,用万用表只能定性地检查其是否漏电,以及内部是否短路或是否有击穿现象。测量时,可选用万用表 R×10 k 挡,用两表笔分别任意接电容器的两个引脚,阻值应为无穷大。若测出阻值(指针向右摆动)为零,则说明电容器漏电损坏或内部击穿。

(2)检测 10 pF~100 μF 固定电容器

通过判断是否有充电现象,进而判断其好坏。万用表选用 R×1 k 挡。两只三极管的 β 值均为 100 以上,且穿透电流要小。可选用 3DG6 等型号硅三极管组成复合管。万用表的红、黑表笔分别与复合管的发射极 e 和集电极 c 相接。复合三极管的放大作用,把被测电容器的充放电过程予以放大,使万用表指针摆幅加大,从而便于观察。

应注意的是:在测试操作时,特别是在测较小容量的电容器时,要反复调换被测电容器引脚接触 A、B 两点,才能明显地看到万用表指针的摆动。对于 100 μF 以上的固定电容器,可用万用表的 R×10 k 挡直接测试电容器有无充电过程以及有无内部短路或漏电,并可根据指针向右摆动的幅度大小估计出电容器的容量。

4.电容器的充放电特性

(1)充电过程

使电容器带电(储存电荷和电能)的过程称为充电。把电容器的一个极板接电源的正极,另一个极板接电源的负极,两个极板就分别带上了等量的异种电荷。充电后电容器的两极板之间就有了电场,充电过程把从电源获得的电能储存在电容器中。

(2)放电过程

使充电后的电容器失去电荷(释放电荷和电能)的过程称为放电。例如,用一根导线把电容器的两极接通,两极上的电荷互相中和,电容器就会放出电荷和电能。放电后电容器的两极板之间的电场消失,电能转化为其他形式的能。

▶任务实施

一、认识电容器充放电电路

电容器充放电电路如图 3-3 所示,主要由直流电源、电容器、开关、万用表、LED 灯构成。当开关置于 1 时,电容器进行充电;当开关置于 2 时,电容器进行放电。

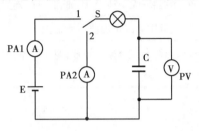

图 3-3　电容器充放电电路

二、识别与检测电容器充放电元器件

1.识别元器件

按照表 3-3 仔细清点元器件是否齐全、有无异常,正常的在"清点结果"栏打"√",不正常的填写"缺少""损坏"等,并进行更换处理。

表 3-3　元器件清单

序号	文字符号	名称	规格型号	数量	清点结果
1	E	干电池	1.5 V	4	
2	LED	发光二极管	SIR	1	
3	C	电容器	2 200 μF	1	

2.检测元器件

对以下元器件进行检测,并将检测结果填入表 3-4 中。

表 3-4　元器件检测表

元器件	识别及检测内容				
电容器	是否充电	是否正常	穿透电流	漏电电阻	容量(读)
发光二极管	能否正常发光	正向电阻	反向电阻	—	—
干电池	4 节干电池总电压				测量挡位

三、组装电容器充放电电路

对照图 3-3,将所有元器件准确无误地安装到万能板上。组装技术要求见表 3-5。

表 3-5　电容器组装技术要求

组装内容	技术要求
元器件引脚	引脚加工尺寸、成形、修脚长度应符合装配工艺要求
元器件安装	元器件安装位置、极性正确;高度、字标方向符合工艺要求;安装牢固,排列整齐
焊点	焊点圆润、干净、无毛刺、大小适中;无漏、假、虚、连焊;焊盘不应脱落;无烫伤和划伤
工具使用和维护	电烙铁、钳口工具、万用表的正确使用和维护
职业安全意识	工具摆放整齐;操作符合安全操作规程;遵守纪律,服从老师和实验室管理员管理;保持工位的整洁

四、检测充放电电路

1.开始充电,接入电源

将开关 S 置于 1,正确接入万用表,测量充电电流、电容器两端电压,观察发光二极管发光情况,完成表 3-6。

表 3-6　检测充电电路

检测内容	充电前	充电中(数值变化速度)	充电结束
电流表读数			
电压表读数			
发光二极管亮度变化			
充电所用时长			

2.开始放电,接入电源

将开关 S 置于 2,正确接入万用表,测量放电电流、电容器两端电压,观察发光二极管发光情况,完成表 3-7。

表 3-7　检测放电电路

检测内容	放电前	放电中(数值变化速度)	放电结束
电流表读数			
电压表读数			
发光二极管亮度变化			
放电所用时长			

3.总结电容器充放电的特点

充电过程：_____。

放电过程：_____。

▶任务评价

任务过程评价表见表3-8。

表 3-8　任务过程评价表

序　号	评价要点	配分/分	得分/分	总　评
1	任务实训准备、知识准备充分	15		
2	能准确区分充电回路、放电回路	10		A(80 分及以上)　□
3	能正确识别与检测元器件并完成对应表格	10		B(70~79 分)　□
4	根据要求完成电路板的组装,万用表接入正确	20		C(60~69 分)　□
5	能够准确测量充电、放电过程中的物理量	30		D(59 分及以下)　□
6	小组合作、协调、沟通能力	5		
7	7S 管理素养	10		

▶知识拓展

1.电容器的分类

①电容器按照结构分为固定电容器、可变电容器和微调电容器等。

②电容器按电解质分为有机介质电容器、无机介质电容器、电解电容器、电热电容器和空气介质电容器等。

③电容器按用途分为高频旁路电容器、低频旁路电容器、滤波电容器、调谐电容器、高频耦合电容器、低频耦合电容器、小型电容器等。

④电容器按制造材料的不同分为陶瓷电容器、涤纶电容器、电解电容器、钽电容器,还有先进的聚丙烯电容器等。

常见电容器如图 3-4 所示。

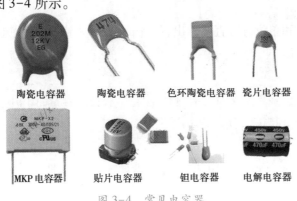

陶瓷电容器　　陶瓷电容器　　色环陶瓷电容器　　瓷片电容器

MKP 电容器　　贴片电容器　　钽电容器　　电解电容器

图 3-4　常见电容器

2.电容器的型号及命名方法

国产电容器的型号一般由 4 部分组成,依次代表名称、介质材料、分类和序号。

第一部分:名称,用字母表示,电容器用 C。

第二部分:介质材料,用字母表示。

注:A——钽电解;B——聚苯乙烯等非极性有机薄膜;C——高频陶瓷;D——铝电解;E——其他材料电解;G——合金电解;H——复合介质;I——玻璃釉;J——金属化纸;L——涤纶等极性有机薄膜;N——铌电解;O——玻璃膜;Q——漆膜;T——低频陶瓷;V——云母纸;Y——云母;Z——纸介。

第三部分:分类,一般用数字表示,个别用字母表示。

注:T——电铁;W——微调;J——金属化;X——小型;S——独石;D——低压;M——密封。

第四部分:序号,用数字或字母表示,包括品种、尺寸代号、温度特性、直流工作电压、标称值、允许误差、标准代号。

电容器的标注方式如图 3-5 所示。

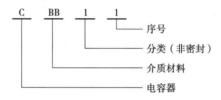

图 3-5　电容器的标注方式

3.电容器的主要参数

①标称电容量,为标志在电容器上的电容量。但电容器实际电容量与标称电容量是有偏差的,精度等级与允许误差有对应关系。

②额定电压,为在最低环境温度和额定环境温度下可连续加在电容器上的最高直流电压。

③绝缘电阻。直流电压加在电容器上,产生漏电电流,两者之比称为绝缘电阻。通常情况,绝缘电阻越大越好。

4.电容器容量值的标注方法

(1)直标法

直标法即用数字和单位符号直接标出,如 1 μF 表示 1 微法,有些电容用"R"表示小数点,如 R56 表示 0.56 μF。

(2)文字符号法

文字符号法即用数字和文字符号有规律地组合来表示容量,如 p10 表示 0.1 pF、1p0 表示1 pF、6P8 表示 6.8 pF、2μ2 表示 2.2 μF。

(3)色标法

色标法即用色环或色点表示电容器的主要参数。电容器的色标法与电阻的色标法相同。

（4）数学计数法

数学计数法一般是3位数字，第一位和第二位数字为有效数字，第三位数字为倍乘数。

5.电容器的串、并联

把几个电容器连成一个无分支电路的连接方式称为电容器的串联，如图3-6(a)所示。把几个电容器的一端连在一起，另一端也连在一起的连接方式，称为电容器的并联，如图3-6(b)所示。

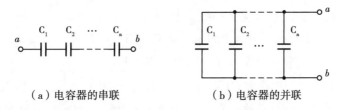

（a）电容器的串联　　　　　　　（b）电容器的并联

图3-6　电容器的串、并联

电容器串联电路的特点：

①各电容器所带电荷量相等，即 $q_1 = q_2 = \cdots = q_n$。

②总电压等于各电容器分得电压之和，即 $U = U_1 + U_2 + \cdots + U_n$。

③总电容的倒数等于各分电容的倒数之和，即 $\dfrac{1}{C} = \dfrac{1}{C_1} + \dfrac{1}{C_2} + \cdots + \dfrac{1}{C_n}$。

电容器串联后，相当于增加了两个极板间的距离，所以总电容小于每个电容器的电容。

电容器并联电路的特点：

①各并联电容器电压相等且等于电源电压，即 $U = U_1 = U_2 = \cdots = U_n$。

②电容器组储存的电荷量 q 等于各个电容器所带电荷量之和，即 $q = q_1 + q_2 + \cdots + q_n$。

③总电容等于各分电容的容量之和，即 $C = C_1 + C_2 + \cdots + C_n$。

电容器并联后，相当于增大两个极板的相对面积，所以总电容大于每个电容器的电容。

▶课后练习

一、知识练习

（一）选择题

1.关于电容器的概念，下列说法正确的是(　　　)。

　A.任何两个彼此绝缘又相互靠近的导体都可以看成一个电容器

　B.用电源对平行板电容器充电后，电容器所带的电量与充电电压无关

　C.某一电容器的带电量越多，它的电容量就越大

　D.某一电容器两板间的电压越高，它的电容就越大

2.一平行板电容器 C 与电源相连后，电容器两极板间的电压为 U，极板上的电荷量为 Q，在不断开电源的条件下，把两极板间的距离拉大一倍，则(　　　)。

　A.电压 U 不变，Q 和 C 都减小一半

　B.电压 U 不变，C 减小一半，Q 增大一倍

　C.电荷量 Q 不变，C 减小一半，U 增大一倍

D.电荷量 Q,U 都不变,C 减小一半

3.一平行板电容器 C 与电源相连后,电容器两极板间的电压为 U,极板上的电荷量为 Q,若断开电源后,再把两极板的距离拉大一倍,则(　　)。

A.电压 U 不变,Q 和 C 都减小一半

B.电压 U 不变,C 减小一半,Q 增大一倍

C.电荷量 Q 不变,C 减小一半,U 增大一倍

D.电荷量 Q、U 都不变,C 减小一半

4.有两只电容器,A 的电容量为 250 μF,耐压为 30 V,B 的电容量大于 A,耐压也大于 30 V,那么电容器 A 和电容器 B 串联后的总耐压应该是(　　)。

A.大于 60 V　　　　B.小于 60 V　　　　C.等于 60 V　　　　D.无法判断

5.两块平行金属板带等量异种电荷,要使两极板间的电压加倍,采用的方法是(　　)。

A.两极板的电荷量加倍,而距离变为原来的 4 倍

B.两极板的电荷量加倍,而距离变为原来的 2 倍

C.两极板的电荷量减半,而距离变为原来的 4 倍

D.两极板的电荷量减半,而距离变为原来的 2 倍

6.一个电容为 C 的电容器和一个电容为 2 μF 的电容器串联,总电容为 C 的电容器的 1/3,那么电容 C 为(　　)。

A.2 μF　　　　B.4 μF　　　　C.6 μF　　　　D.8 μF

7.如图 3-7 所示,$R_1=R_2=200$ Ω,$R_3=100$ Ω,$C=100$ μF,S_1 接通,待电路稳定后,电容器容纳一定的电量,然后,再将 S_2 也接通,则电容器中的电量将(　　)。

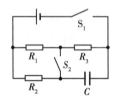

图 3-7　练习题图 1

A.增加　　　　B.减少　　　　C.不变　　　　D.无法判断

8.如图 3-8 所示,已知 R_1 为 200 Ω,R_2 为 500 Ω,电容 C_1 为 1 μF,若 a、b 两点的电位相等,则 C_2 等于(　　)。

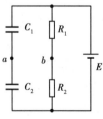

图 3-8　练习题图 2

A.2 μF　　　　B.5 μF　　　　C.2/5 μF　　　　D.5/2 μF

9.如图3-9所示的电路中,电容器 A 的电容为 30 μF,电容器 B 的电容为 10 μF。在开关 S_1、S_2 都断开的情况下,分别给电容器 A、B 充电。充电后 M 点的电位比 N 点高 5 V,O 点比 P 点低 5 V。然后把 S_2、S_1 都接通,则 M 点的电位比 N 点高(　　　)。

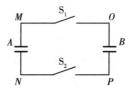

图 3-9 练习题图 3

A.10 V　　　　　　B.5 V　　　　　　C.2.5 V　　　　　　D.0

(二)填空题

1.电容器具有储存＿＿＿＿＿＿的本领,其本领的大小可以用＿＿＿＿＿＿来表示,其表达式为＿＿＿＿＿＿。

2.电容器的额定工作电压一般称为＿＿＿＿＿＿,接到交流电路中,其额定工作电压＿＿＿＿＿＿交流电压的最大值。

3.在电容器充电电路中,已知 $C = 2$ μF,电容器上的电压从 10 V 升高到 20 V,电容器储存的电场能从＿＿＿＿＿＿增加到＿＿＿＿＿＿,增大了＿＿＿＿＿＿。

4.平行板电容器的电容跟＿＿＿＿＿＿成正比,跟＿＿＿＿＿＿成正比,跟＿＿＿＿＿＿成反比,其表达式为＿＿＿＿＿＿。

5.从能量的角度看,电容器电压上升的过程是＿＿＿＿＿＿的过程。

图 3-10 练习题图 4

6.如图3-10所示,电容两端的电压为＿＿＿＿＿＿,电阻两端的电压为＿＿＿＿＿＿。

7.如图3-11所示,当 S 断开时,A、B 两端的等效电容为＿＿＿＿＿＿;当 S 闭合时,A、B 两端的等效电容为＿＿＿＿＿＿。

图 3-11 练习题图 5

8.如图3-12所示是电容器充放电电路,电源电动势为 E,内阻不计,C 是一个电容量很大的未充电的电容器。

(1)当 S 合向 1 时,电源向电容器充电,这时看到白炽灯 HL＿＿＿＿＿＿,电流表 A_1 的读数＿＿＿＿＿＿,电压表 V 的读数＿＿＿＿＿＿。经过一段时间后,电流表 A_1 的读数＿＿＿＿＿＿,电压表 V 的读数＿＿＿＿＿＿。

(2)当电容器充电结束后,把 S 从 1 合向 2,电容器便开始放电,这时看到白炽灯 HL＿＿＿＿＿＿,电流表 A_2 的读数＿＿＿＿＿＿,电压表 V 的读数＿＿＿＿＿＿。经过一段时间后,电流表 A_2 的读数＿＿＿＿＿＿,电压表 V 的读数＿＿＿＿＿＿。

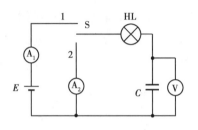

图 3-12　练习题图 6

（三）综合题

1.两只电容器分别标有"40 μF,150 V"和"60 μF,200 V",串联后接到电压为 300 V 的电源上,这样使用安全吗?为什么?若不安全,则外加电压的最大值是多少?

2.电容是 0.25 μF、耐压是 300 V 和电容是 0.5 μF、耐压是 250 V 的两个电容器。

（1）若将它们串联起来,它们能承受的最高工作电压是多少?总电容又是多少?

（2）若将它们并联起来,它们能承受的最高工作电压是多少?总电容又是多少?

3.如图 3-13 所示电路,已知电源电动势 $E=4$ V,内阻不计,外电阻 $R_1=3$ Ω,$R_2=1$ Ω,电容 $C_1=2$ μF,$C_2=1$ μF,求:

（1）R_1 两端的电压;

（2）电容 C_1、C_2 所带的电荷量;

（3）电容 C_1、C_2 上的电压。

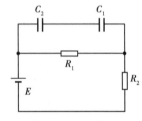

图 3-13　练习题图 7

4.如图 3-14 所示,$C_1=20$ μF,$C_2=5$ μF,电源电压 $U=500$ V,先将开关 S 扳向 a 点,对 C_1 充电,然后再将 S 扳至 b 点。求:

（1）当 C_1 与 C_2 连接后两板间的电压各是多少?

（2）每个电容器所带电荷量各是多少?

二、技能练习

更换电容器的容量,将发光二极管换成两个不同阻值的电阻,分别测量充放电时间的长短,得出电容充放电时间与哪些因素有关。

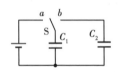

图 3-14　练习题图 8

任务二　电磁感应现象

▶任务描述

电流和磁场都是具有大小和方向的物理量,通过电磁感应现象产生的电流又与磁场变化之间存在着密不可分的关系。探究清楚它们彼此之间的关系,对我们掌握电磁感应现象有重大意义。

▶任务准备

一、实训准备

按照分组,各小组讨论人员分工合作情况;然后各组准备组装电磁感应现象实验电路所需的元器件、工具、耗材、资料等,实训准备清单见表3-9。

表3-9　实训准备清单

准备名称	准备内容	准备情况	负责人
元器件	滑动变阻器、条形磁铁、电池等		
工具	检流计、线圈、开关等		
耗材	导线若干		
资料	教材、任务书等		

二、知识准备

闭合电路的一部分导体在磁场中做切割磁感线运动时,导体中就会产生电流,这种现象就称为电磁感应现象。而闭合电路中由电磁感应现象产生的电流称为感应电流。

①电磁感应现象产生的条件:一是电路处于闭合状态,二是电路中的磁通量发生变化。

②电流的磁效应(通电会产生磁):奥斯特发现,任何通有电流的导线,都可以在其周围产生磁场的现象,称为电流的磁效应。非磁性金属通以电流可产生磁场,其效果与磁铁建立的磁场相同。通有电流的长直导线周围产生磁场:在通电流的长直导线周围,会有磁场产生,其磁感线的形状为以导线为圆心的一封闭的同心圆,且磁场的方向与电流的方向互相垂直。图3-15为奥斯特实验。

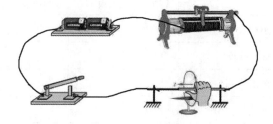

图3-15　奥斯特实验

③右手螺旋定则,也称安培定则,反映的是电流和电流激发磁场的磁感线方向之间的关系。通电直导线中的安培定则(安培定则一):用右手握住通电直导线,让大拇指指向直导线中的电流方向,那么四指所指方向就是通电导线周围磁场的方向,如图3-16(a)所示。通电螺线管中的安培定则(安培定则二):用右手握住通电螺线管,让四指指向电流的方向,那么大拇指所指的那一端就是通电螺线管的 N 极,如图3-16(b)所示。

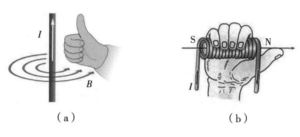

（a）　　　　　　　　　　（b）

图 3-16　右手螺旋定则

▶任务实施

①按照图 3-17 将检流计与线圈连接起来,条形磁铁做插入、拔出实验,观察检流计指针偏转情况,并完成表 3-10。

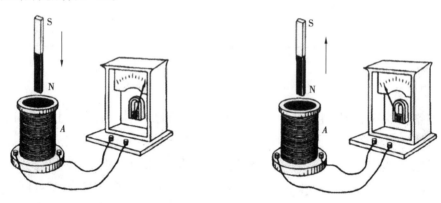

图 3-17　楞次定律实验 1

表 3-10　楞次定律实验表 1

实验内容	原磁场（增减）	原磁场方向	检流计指针偏转方向	感应电流方向	感应电流磁场方向
条形磁铁 S 朝上,N 朝下,不动					
条形磁铁 S 朝上,N 朝下,插入线圈					
条形磁铁 S 朝上,N 朝下,拔出线圈					
条形磁铁 N 朝上,S 朝下,不动					
条形磁铁 N 朝上,S 朝下,插入线圈					
条形磁铁 N 朝上,S 朝下,拔出线圈					

②按照图 3-18 将电路连接起来,条形磁铁做插入、拔出实验,观察检流计指针偏转情况,并完成表 3-11。

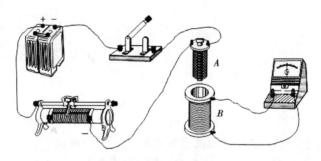

图 3-18　楞次定律实验 2

表 3-11　楞次定律实验表 2

实验内容	原磁场（增减）	原磁场方向	检流计指针偏转方向	感应电流方向	感应电流磁场方向
闭合开关,滑动变阻器不动,线圈 A 不动					
闭合开关,滑动变阻器不动,线圈 A 插入线圈 B					
闭合开关,滑动变阻器不动,线圈 A 从线圈 B 中拔出					
闭合开关,滑动变阻器向右滑动,线圈 A 不动					
闭合开关,滑动变阻器向左滑动,线圈 A 固定在线圈 B 中					

③总结感应电流的磁场与原磁场的关系。

_____

_____

_____

▶任务评价

任务过程评价表见表 3-12。

表 3-12　任务过程评价表

序　号	评价要点	配分/分	得分/分	总　评
1	任务实训准备、知识准备充分	15		
2	能正确组装图 3-9、图 3-10 两个电路	5		A(80 分及以上) □
3	能正确判断感应电流的方向	5		B(70~79 分) □
4	能够正确完成表 3-10、表 3-11	48		C(60~69 分) □
5	能总结出感应电流的磁场与原磁场的关系	12		D(59 分及以下) □
6	小组合作、协调、沟通能力	5		
7	7S 管理素养	10		

▶知识拓展

一、楞次定律

楞次定律的表述可归结为:感应电流的效果总是反抗引起它的原因。如果回路上的感应电流是由穿过该回路的磁通量的变化引起的,那么楞次定律可具体表述为:感应电流在回路中产生的磁通总是反抗(或阻碍)原磁通量的变化。我们称这个表述为通量表述,这里感应电流的"效果"是在回路中产生了磁通量;而产生感应电流的原因则是原磁通量的变化。可以用 12 个字来形象记忆"增反减同,来拒去留,增缩减扩"。

二、法拉第电磁感应定律

电磁感应定律又称法拉第电磁感应定律,电磁感应现象是指因磁通量变化产生感应电动势的现象,例如,闭合电路的一部分导体在磁场里做切割磁感线运动时,导体中就会产生电流,产生的电流称为感应电流,产生的电动势(电压)称为感应电动势。

三、电磁感应定律中电动势的方向

电磁感应定律中电动势的方向可以通过楞次定律或右手定则来确定。右手定则为:伸平右手使拇指与四指垂直,手心向着磁场的 N 极,拇指的方向与导体运动的方向一致,四指所指的方向即为导体中感应电流的方向(感应电动势的方向与感应电流的方向相同)。楞次定律指出:感应电流的磁场要阻碍原磁通的变化。简而言之,就是磁通量变大,产生的电流有让其变小的趋势;而磁通量变小,产生的电流有让其变大的趋势。法拉第的实验表明,不论用什么方法,只要穿过闭合电路的磁通量发生变化,闭合电路中就有电流产生。这种现象称为电磁感应现象,所产生的电流称为感应电流。

法拉第根据大量实验事实总结出了如下定律:电路中感应电动势的大小,跟穿过这一电路的磁通变化率成正比,若感应电动势用 E 表示,则

$$E = \frac{\Delta \phi}{\Delta t}$$

这就是法拉第电磁感应定律。

若闭合电路为一个 n 匝的线圈,则又可表示为:

$$E = n \frac{\Delta \phi}{\Delta t}$$

式中　　n——线圈匝数;

　　　　$\Delta \phi$——磁通量变化量,Wb;

　　　　Δt——发生变化所用时间,s。

任务三　自感现象实验

▶任务描述

通过前面的学习,我们已经明白了电磁感应现象的产生。在电磁的世界里,自感的应用

也是非常多的,因此我们要通过实验得到自感的特点以及自感现象产生的条件。

▶任务准备

一、实训准备

按照分组,各小组讨论人员分工合作情况;然后各组准备组装自感现象电路所需的元器件、耗材、资料等,实训准备清单见表3-13。

表3-13　实训准备清单

准备名称	准备内容	准备情况	负责人
元器件	电池、滑动变阻器、灯泡、开关、线圈等		
耗材	导线若干		
资料	教材、任务书等		

二、知识准备

1.自感现象

自感现象是一种特殊的电磁感应现象,它是由于导体本身电流变化而引起的。流过线圈的电流发生变化,导致穿过线圈的磁通量发生变化而产生的自感电动势,总是阻碍线圈中原来电流的变化,当原来电流在增大时,自感电动势与原来电流方向相反;当原来电流减小时,自感电动势与原来电流方向相同。简单地说,由于导体本身的电流发生变化而产生的电磁感应现象,就称为自感现象。

2.自感的应用——电感器

电感器是能够把电能转化为磁能而存储起来的元件。电感器的结构类似于变压器,但只有一个绕组。电感器具有一定的电感,它只阻碍电流的变化。如果电感器在没有电流通过的状态下,电路接通时它将试图阻碍电流流过;如果电感器在有电流通过的状态下,电路断开时它将试图维持电流不变。电感器又称扼流器、电抗器、动态电抗器。

常见电感线圈的符号见表3-14。

表3-14　常见电感线圈的符号

符号				
名称	空心电感线圈	带抽头的电感线圈	铁芯电感线圈	磁芯电感线圈
符号				
名称	可变电感线圈	有滑动接点的电感线圈	带磁芯的可调电感线圈	带非磁性金属芯的电感线圈

▶任务实施

一、按照图 3-19 组装自感电路

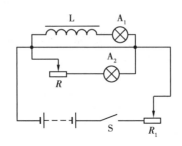

图 3-19　电感实验电路一

①闭合开关 S,调节滑动变阻器 R 的电阻,使 A_1、A_2 亮度相同(A_1、A_2 是规格完全一样的灯泡),再调节 R_1 使两灯泡正常发光。

②断开开关 S,观察 A_1、A_2 两灯泡亮度变化情况:

_____

③待两灯泡都熄灭后,重新闭合开关 S,观察 A_1、A_2 两灯泡亮度变化情况:

_____

④分析电路接通、断开时两个灯泡亮度变化不一致的原因:

_____

_____

_____

二、根据图 3-20 组装电路

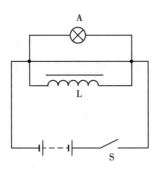

图 3-20　电感实验电路二

①闭合开关,然后断开,观察灯泡的亮度变化情况:

_____

②分析灯泡亮度变化的原因:

_____

③感应电动势的方向:

_____

▶任务评价

任务过程评价表见表 3-15。

表 3-15　任务过程评价表

序　号	评价要点	配分/分	得分/分	总　评
1	任务实训准备、知识准备充分	15		
2	能正确组装电路	5		A(80 分及以上)　☐
3	能正确分析灯泡亮度变化的原因	5		B(70~79 分)　☐
4	能正确完成所有问题的回答	48		C(60~69 分)　☐
5	能正确解释自感现象	12		D(59 分及以下)　☐
6	小组合作、协调、沟通能力	5		
7	7S 管理素养	10		

▶知识拓展

电感器的主要特性参数：

（1）电感量 L

电感量 L 是线圈本身的固有特性，与电流大小无关。除专门的电感线圈（色码电感）外，电感量一般不专门标注在线圈上，而以特定的名称标注。

（2）感抗 X_L

电感线圈对交流电流阻碍作用的大小称感抗 X_L，单位是 Ω。它与电感量 L 和交流电频率 f 的关系为 $X_L = 2\pi f L$。

（3）品质因素 Q

品质因素 Q 是表示线圈质量的一个物理量，Q 为感抗 X_L 与其等效的电阻的比值，即 $Q = X_L/R$。线圈的 Q 值越高，回路的损耗越小。线圈的 Q 值与导线的直流电阻、骨架的介质损耗、屏蔽罩或铁芯引起的损耗、高频趋肤效应的影响等因素有关。线圈的 Q 值通常为几十到几百。采用磁芯线圈，多股粗线圈均可提高线圈的 Q 值。

（4）分布电容

线圈的匝与匝间、线圈与屏蔽罩间、线圈与底板间存在的电容被称为分布电容。分布电容的存在使线圈的 Q 值减小，稳定性变差，因而线圈的分布电容越小越好。采用分段绕法可减少分布电容。

（5）允许误差

允许误差是指电感量实际值与标称值之差除以标称值所得的百分数。

（6）标称电流

线圈允许通过的电流大小，通常用字母 A、B、C、D、E 分别表示，标称电流值为 50 mA、150 mA、300 mA、700 mA、1 600 mA。

▶课后练习

(一)填空题

1. 载流导体与磁场平行时,导体所受磁场力_____;载流导体与磁场垂直时,导体所受的磁场力_____。

2. 磁场强度的大小等于_____与_____的比值。磁场强度的方向与_____一致,用符号_____表示,单位是_____。

3. 两根平行导体中的电流方向相同时,两根导体将_____;当电流方向相反时,两根导体将_____。

4. 电流能产生磁场,其电流方向与磁场的方向由_____判别。磁场对通有电流的导体有磁场力的作用,其磁场力的方向由_____判别。

5. 磁感线的方向:在磁体外部由_____极指向_____极;在磁体内部由_____极指向_____极。

6. 磁极间相互作用的规律是同名磁极相互_____,异名磁极相互_____。

7. 磁感应强度是表示磁场中某点_____和_____的物理量。磁感应强度是_____量,用符号_____表示,单位是_____。

8. 如果在磁场中每一点的磁感应强度大小_____,方向_____,这种磁场称为匀强磁场。

9. 磁场对运动电荷的作用力称为_____,大小为_____,方向用_____判定。使用时四指应指向正电荷的_____,指向负电荷运动方向的_____。

10. 闭合回路中的部分导体作切割磁感线运动时,产生感应电流方向用_____判断比较方便,也可用_____判断。

11. 穿过闭合回路的_____发生变化时,回路中有_____和_____产生。如果回路不闭合,则只有_____存在。

12. 穿过闭合回路的_____时,回路中有感应电流产生,它的方向可以用_____定律判定。当回路开路时,只有_____存在。

(二)单项选择题

1. 下列说法正确的是(   )。

   A. 一段通电导体,在磁场某处受到的力大,则该处的磁感应强度就大

   B. 磁感线密处的磁感应强度大

   C. 通电导体在磁场中受到的力为零,则磁感应强度一定为零

   D. 在磁感应强度为 B 的匀强磁场中,放入一面积为 S 的线圈,通过线圈的磁通量一定为 $\phi = B \cdot S$

2. 铁、钴、镍及其合金的相对磁导率是(   )。

   A. 略小于 1   B. 略大于 1   C. 等于 1   D. 远大于 1

3. 在下列表述磁通与磁感应强度的说法中,正确的是(   )。

   A. 磁通大,磁感应强度一定大

B.磁感应强度大,磁通不一定大

C.磁通与磁感应强度是无关的物理量

D.磁通的大小等于磁感应强度和它垂直方向上某一面积的乘积

4.两根平行直导线通以同向电流时,它们互相( )。

A.排斥   B.吸引

C.A、B 两种情况都不可能   D.A、B 两种情况都有可能

5.如图 3-21 所示,一段导体 ab 在匀强磁场中运动,会出现下述哪种情况? ( )

A.无感应电动势

B.有感应电动势,b 点电位高

C.有感应电动势,a 点电位高

D.有感应电动势,a 与 b 电位一样高

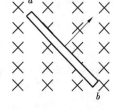

图 3-21 练习题图 9

6.如图 3-22 所示,A 为不闭合的金属环,B 为闭合金属环,当条形磁铁向左运动时,则( )。

A.A、B 环都向左运动

B.A、B 环都向右运动

C.A 环不动,B 环右运动

D.A 环不动,B 环向左运动

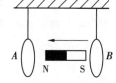

图 3-22 练习题图 10

7.两条导线互相垂直,但相隔一个小的距离,其中一条 AB 是固定的,另一条 CD 可以自由活动,如图 3-23 所示,当按图所示方向给两条导线通入电流,则导线 CD 将( )。

A.顺时针方向转动,同时靠近导线 AB

B.逆时针方向转动,同时靠近导线 AB

C.顺时针方向转动,同时离开导线 AB

D.逆时针方向转动,同时离开导线 AB

8.下列关于磁感线的说法正确的是( )。

A.磁感线是客观存在的有方向的曲线

B.磁感线始于 N 极而终止于 S 极

C.磁感线上的箭头表示磁场方向

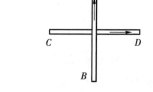

图 3-23 练习题图 11

D.磁感线上某点处小磁针静止时,N 极所指的方向与该点曲线的切线方向一定一致

9.在匀强磁场中,原来载流导线所受的磁场力为 F,若电流增加到原来的两倍,而导线的长度减少一半,则此时载流导线所受的磁场力为( )。

A.F   B.$\dfrac{F}{2}$ C.2F   D.4F

10.在通电螺线管中放入一铁磁物质后,( )。

A.磁感应强度增强,磁场强度不变

B.磁感应强度增强,磁场强度增强

C.磁感应强度不变,磁场强度增强

D.磁感应强度不变,磁场强度变

（三）判断题

1.磁体上的两个极,一个称为 N 极,另一个称为 S 极,若把磁体截成两段,则一段为 N 极,另一段为 S 极。（　　）

2.磁感应强度是矢量,但磁场强度是标量,这是两者之间的根本区别。（　　）

3.磁感线是一组相交的闭合曲线。（　　）

4.通电导线在磁场中某处受到的磁场力为零,但该处的磁感应强度不一定为零。（　　）

5.两根靠得很近的平行直导线,若通以相反方向的电流,则它们互相吸引。（　　）

6.通电直导体电流方向与磁感线方向平行时不受力。（　　）

7.磁场强度是标量,它与介质磁导率有关。（　　）

8.左手定则判断通电直导线在磁场中受力时,磁场力、电流和磁感线三者在同一平面内。（　　）

9.有感应电动势就一定有感应电流。

10.在左手定则判断洛伦兹力的方向时,特别要注意运动的电荷是正还是负,若为负电荷则运动方向与电流方向相反。（　　）

（四）作图题

1.如图 3-24 所示,当条形磁铁下落时,矩形线圈将如何转动?

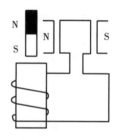

图 3-24　练习题图 12

2.如图 3-25 所示,当条形磁铁从线圈中拨出时,试判断导体 AB 的运动方向。

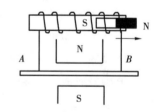

图 3-25　练习题图 13

3.如图 3-26 所示,通电螺线管内的小磁针不动,试确定电源的极性。

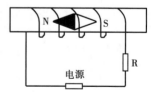

图 3-26　练习题图 14

交流电路

　　交流电（Alternating Current，AC）是特斯拉最早发明并推广使用的。交流电是指大小和方向都随时间作周期性变化的电流。交流电的发明有效解决了直流电远距离传输过程损耗大、成本高、效率低等问题。通常所说的交流电为正弦交流，生活中广泛使用的市电也就是正弦交流电。本模块将学习单相交流电和三相交流电等交流电路的相关知识和技能，从而认识交流电、安装交流电路、探索交流电路中的精彩世界。

项目四　单相交流电

▶项目目标

知识目标

1.能理解单相正弦交流电的表示方法。

2.能理解单相正弦交流电的三要素和基本物理量。

3.能理解纯电阻、纯电容、纯电感电路的基本概念,以及它们之间的电压、电流数量关系和相位关系。

4.理解交流电路中瞬时功率、有功功率和无功功率的概念。

技能目标

1.能了解单相电能表、低压断路器、导线的基本参数,并初步学会选用。

2.能安装与检测单控照明电路。

3.能安装与检测双控照明电路。

情感目标

1.培养学生严谨的工作态度和精益求精的工匠精神。

2.培养学生7S管理素养。

▶项目描述

　　交流电就是指大小和方向都随时间作周期性变化的电流。人们在生产、生活中主要使用的是正弦交流电,例如我国照明用电是220 V的单相正弦交流电,而工厂用电是380 V的三相正弦交流电。本项目将会对室内照明电路及其配电装置进行安装与检测。

任务一　安装单相照明配电箱

▶任务描述

　　照明配电箱在生活中具有广泛的应用,它是连接电源与用电设备的中间装置,是在低压供电系统末端负责完成电能控制、保护、转换和分配的设备。本任务将完成对单相照明配电箱的安装与检测。

►任务准备

一、实训准备

按照分组,各小组讨论人员分工合作情况;然后各组准备安装单相照明配电箱所需的元器件、耗材、资料等,实训准备清单见表4-1。

表4-1　实训准备清单

准备名称	准备内容	准备情况	负责人
元器件	电能表、空气开关、配电箱各1个		
耗材	导线若干		
资料	教材、任务书等		

二、知识准备

利用电磁感应原理,交流发电机可以很方便地将机械能、化学能等其他形式的能转化为交流电能。而发电厂要将生产出来的电输送到很远的地方供用户使用,电压越高,其输送过程中损失就越小,就更加经济。交流电可以通过变压器升压和降压,这给配送电能带来了极大的方便。因此交流电在生产生活中应用比较广泛。

1.交流电的表达式

交流电在任一时刻的瞬时值可用三角函数式(解析式)来表示,即

$$i = I_{m}\sin(\omega t + \varphi_0)$$
$$u = U_{m}\sin(\omega t + \varphi_0)$$
$$e = E_{m}\sin(\omega t + \varphi_0)$$

式中,I_m、U_m、E_m分别称为交流电流、交流电压、交流电动势的振幅(也称为峰值或最大值),电流的单位为安培(A),电压和电动势的单位为伏特(V);ω称为交流电的角频率,单位为弧度每秒(rad/s),它表征正弦交流电流每秒内变化的电角度;φ_0称为交流电流、交流电压、交流电动势的初相位或初相,单位为弧度(rad)或度(°),它表示初始时刻($t = 0$时刻)正弦交流电所处的电角度。

2.交流电的基本物理量

(1)表示正弦交流电大小和强弱的物理量——瞬时值、最大值、有效值和平均值

①瞬时值:随时间变化的电流、电压和电动势在任一瞬间的数值,分别用小写字母i、u、e表示。

②最大值:瞬时值中最大的值,也称幅值(峰值),分别用带下标 m 的大写字母 I_m、U_m、E_m表示。

③有效值:一个交流电流和一个直流电流通过大小相等的电阻R,在相等的时间内产生的热量相等,该直流电的数值就定义为该交流电的有效值,分别用大写字母I、U、E表示。

有效值与最大值的关系：

$$I = \frac{I_m}{\sqrt{2}} = 0.707\,I_m$$

$$U = \frac{U_m}{\sqrt{2}} = 0.707\,U_m$$

$$E = \frac{E_m}{\sqrt{2}} = 0.707\,E_m$$

④平均值：正弦交流电在半个周期内，在同一方向通过导体横截面的电流与半个周期时间之比称为正弦交流电在半个周期的平均值，分别用符号 I_{pj}、U_{pj}、E_{pj} 表示。

（2）表示正弦交流电所处状态的物理量——相位、初相位和相位差

①相位：表示正弦交流电在某一时刻所处状态的物理量。"$\omega t + \varphi_0$"就是正弦交流电的相位，单位是弧度（rad）或度（°）。

②初相位：表示正弦交流电起始时刻所处状态的物理量。正弦交流电在 $t=0$ 时的相位，称为初相（初相角），用 φ_0 表示。

③相位差：两个同频率正弦交流电在任一时刻的相位之差，用 $\Delta\varphi$ 表示。

两个同频率正弦交流电的相位关系：

a.当 $\Delta\varphi>0$ 时，称第一个正弦量比第二个正弦量越前（或超前）$\Delta\varphi$；

b.当 $\Delta\varphi<0$ 时，称第一个正弦量比第二个正弦量滞后（或落后）$|\Delta\varphi|$；

c.当 $\Delta\varphi=0$ 时，称第一个正弦量与第二个正弦量同相；

d.当 $\Delta\varphi=180°$时，称第一个正弦量与第二个正弦量反相；

e.当 $\Delta\varphi=90°$时，称第一个正弦量与第二个正弦量正交。

（3）表示正弦交流电变化快慢的物理量——周期、频率和角频率

①周期：正弦交流电完成一次循环变化所用的时间称为周期，用字母 T 表示，单位是秒（s）。正弦交流电流或电压相邻的两个最大值（或相邻的两个最小值）之间的时间间隔即为周期。

②频率：正弦交流电在单位时间内（1 s）作周期性循环变化的次数称为频率，用字母 f 表示，单位是赫兹（Hz），常用的单位还有千赫兹（kHz）和兆赫兹（MHz）。

③角频率：正弦交流电每1 s所经过的电角度称为角频率，用符号 ω 表示，单位是弧度每秒（rad/s）。

周期、频率和角频率三者的关系：

$$T = \frac{2\pi}{\omega} \qquad f = \frac{1}{T}$$

$$\omega = 2\pi f$$

3.交流电的三要素

描述正弦交流电在某一时刻确切状态的相关物理量称为正弦交流电的要素。在理论上，振幅（最大值）、频率（或角频率，周期）和初相位这三个物理量可以确切表述正弦交流电

在某一时刻的状态,所以这三个物理量称为正弦交流电的三要素。

▶任务实施

一、认识单相照明配电箱电路图

单相照明配电箱接线图和布置图,如图4-1、图4-2所示。

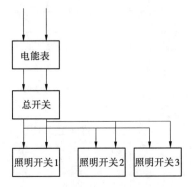

图4-1　单相照明配电箱接线图

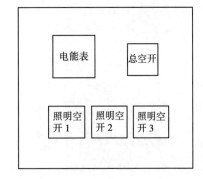

图4-2　单相照明配电箱布置图

二、选择单相照明配电箱器件

单相照明配电箱主要元器件清单见表4-2。

表4-2　单相照明配电箱主要元器件清单

元件名称	数　量	作　　　用
电能表	1个	测量用电量
空气开关	1个	在电路中起短路保护和分断电路的作用
配电箱	1个	集中安装开关、仪表等设备的成套装置

三、安装单相照明配电箱

按表4-3要求安装配电箱。

表4-3　配电箱的安装

实训图片	操作方法	注意事项
	(1)安装导轨	根据需要将导轨安装在合适的位置,用螺钉固定好。 导轨安装要水平,并与盖板空开操作孔相匹配

续表

实训图片	操作方法	注意事项
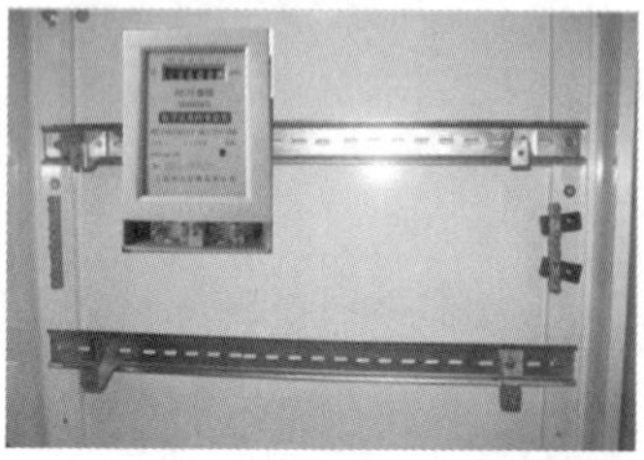	(2)安装电能表 根据布置图用螺钉将电能表固定在导轨上	两个开关接线盒侧面的圆孔(穿线孔)一个开上侧、右侧的孔,另一个开左侧、上侧的孔
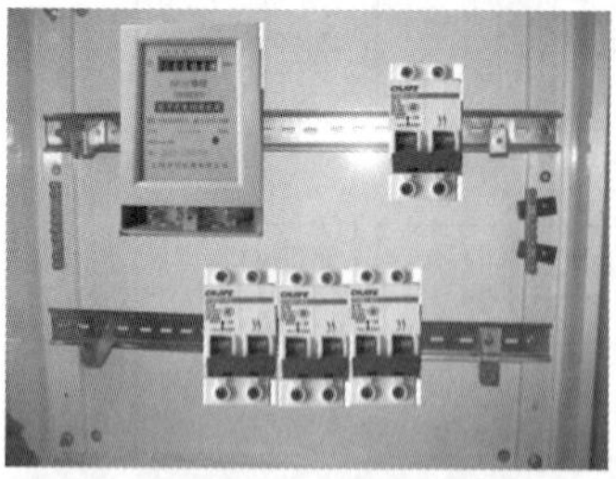	(3)装空气开关 根据布置图将空气开关安装于导轨上	①根据安装任务选取合适的端子排。 ②端子排固定要牢固,无缺件,绝缘良好
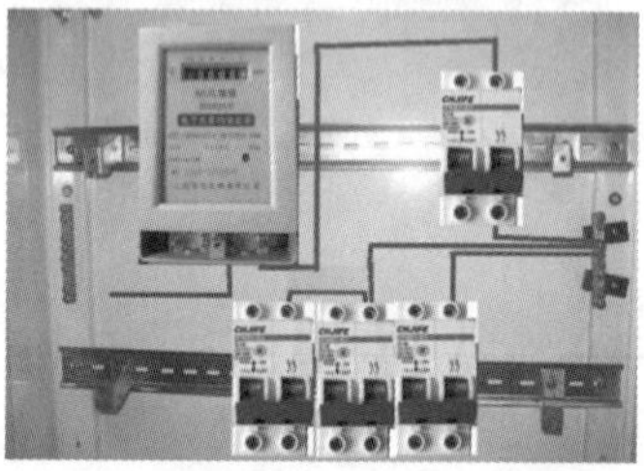	(4)零线配线	①剥削导线时不能损伤导线线芯和绝缘层,导线连接时不能反圈。 ②导线弯直角时要做到美观,导线走线时要紧贴接线板、横平竖直、平行不交叉
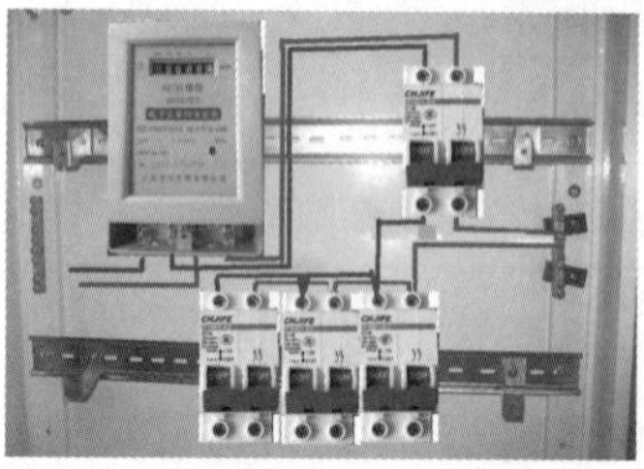	(5)火线配线	①剥削导线时不能损伤导线线芯和绝缘层,导线连接时不能反圈。 ②导线弯直角时要做到美观,导线走线时要紧贴接线板、横平竖直、平行不交叉
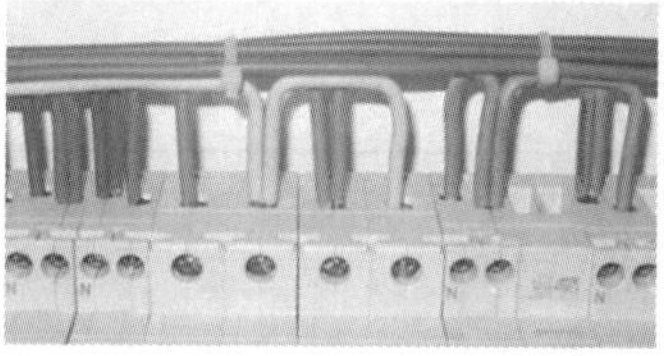	(6)导线绑扎	①导线要用塑料扎带绑扎,扎带大小要合适,间距要均匀,一般为100 mm。 ②扎带扎好后,不用的部分要用钳子剪掉

四、检测单相照明配电箱

(1)配电箱外部检测,目测判断

①导线部分的各结点是否有过热和弧光灼伤现象。

②各种仪表及指示灯是否完整,是否指示正确。

③箱门是否破损,户外照明箱有无漏水现象。

④铁制照明箱的外壳是否可靠接地。

（2）配电箱内部检测

配电箱内部检测方法见表4-4。

表4-4　配电箱内部检测方法

实训图片	操作方法	注意事项
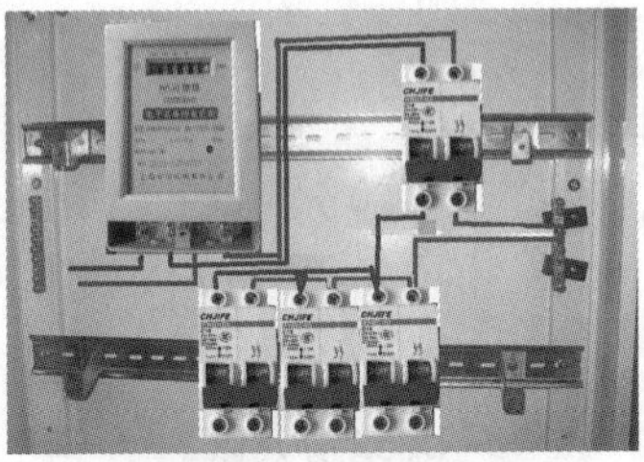	（1）目测检查 根据电路图或接线图从电源开始看线路有无漏接、错接	①检查时要断开电源。 ②要检查导线接点是否符合要求、压接是否牢固。 ③要注意接点接触是否良好。 ④要用合适的电阻挡位进行检查，并进行"调零"。 ⑤检查时可用合上空气开关
	（2）万用表检查 用万用表电阻挡检查电路有无开路、短路情况	
	（3）验电笔检查 接通电源，合上空开，用验电笔对各结点进行验电	①由指导教师监护学生接通单相电源。 ②学生通电试验时，指导教师必须在现场进行监护。 ③验电前，确认学生是否已穿绝缘鞋。 ④验电时，学生操作是否规范。 ⑤如相线未进开关，应对调电源进线

▶任务评价

根据单相照明配电箱的设计图，安装和检测配电箱。任务过程评价表见表4-5。

表 4-5 任务过程评价表

序 号	评价要点	配分/分	得分/分	总 评
1	电器元件是否漏接或错接	5		
2	按布置图安装	10		
	元件安装牢固	3		
	元件安装整齐、合理、美观	2		
	损坏元件	5		
3	按电路图接线	10		A(80分及以上) □
	布线符合要求	5		B(70~79分) □
	接点松动、露铜过长、反圈	10		C(60~69分) □
	损伤导线绝缘层或线芯	10		D(59分及以下) □
4	总空开能对电路进行正常控制	15		
	各分空开能对各电路进行正常控制	10		
	电能表正常使用	5		
5	是否穿绝缘鞋	5		
	操作安全规范	5		

▶知识拓展

一、单相电能表

电能表是专门用来计量某一时间段电能累计值的仪表,又称电度表、火表、千瓦小时表。一般家庭使用的是单相电能表,主要有两大类:机械式电能表和电子式电能表。

1.电能表的工作原理

机械式电能表是利用电磁感应原理对用电量进行计量。当用户用电时,根据电磁感应原理,电压线圈、电流线圈会产生磁场,产生的两个电磁场在铝质表盘上相互作用,推动铝质表盘从左向右地正向转动,从而带动齿轮机构并最终带动机械数字码盘实现用电计量。

电子式电能表是通过对用户供电电压和电流实时采样,采用专用的电能表集成电路,对采样电压和电流信号进行处理并相乘转换成与电能成正比的脉冲输出,最后通过计度器或数学显示器显示的物理器械。

2.家用电能表表头数据的物理意义

(1)电功

电功的单位是焦耳(J),生活中我们常用千瓦时(kW·h)作单位。千瓦时(kW·h)俗称"度",相当于1 kW的电器正常工作1 h所消耗的电能。

$$1\ 度 = 1\ kW \cdot h = 3.6 \times 10^6\ J$$

（2）额定电压

电压示数 220 V 是指额定电压，指家用电器正常工作时，两端所加的电压为 220 V。

（3）额定电流

电流示数 10 A（40 A），指该电能表正常工作时允许通过的最大电流为 10 A 和短时间允许通过的最大电流为 40 A。

（4）转动示数与指示灯闪烁参数

转动示数 3 000 r/（kW·h），对于机械式电度表，电路中用电器每消耗 1 kW·h 电能时，此电度表转盘将转动 3 000 转；6 400 imp/（kW·h）指电路中电器每消耗 1 kW·h 电能时，此电度表指示灯闪烁 6 400 次。

3.电能表的结构

常见电能表的表头如图 4-3、图 4-4 所示。

图 4-3　机械式电能表表头　　　　　图 4-4　电子式电能表表头

4.电能表的读数

电能表的计数器上两次读数之差，就是这段时间内用电的度数。表头计数器从左至右分别代表"千""百""十""个""十分位"，依次读数，如图 4-5 所示。

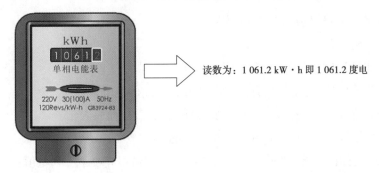

图 4-5　电能表读数

5.电能表的安装

（1）电能表的安装

机械式电能表有 4 个接线孔用于接进线、出线，从左到右依次编号为 1、2、3、4，其中 1、3 为进线，2、4 为出线（接刀开关、熔断器及负载），且 1、2 为火线，3、4 为零线，如图 4-6 所示。

电子式电能表的接线与机械式电能表的接线方法一致,如图 4-7 所示。

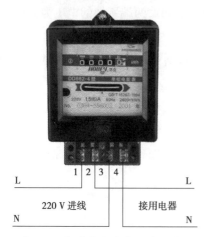

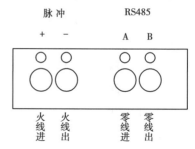

图 4-6　机械式电能表接线示意图　　　　图 4-7　电子式电能表接线示意图

电能表的接线必须严格按照国家标准执行,不允许随意交换进出线的接线位置,否则电器和电能表不能正常工作,还会发生意外。

(2)电能表安装位置的选择及注意事项

①电能表应安装在下列场所:

a.干燥及不受震动的场所,且便于安装、试验和抄表工作。

b.定型产品的开关柜(箱)内,或装置在电能表箱或配电盘上。

c.按供电方案确定的位置安装。

②电能表不应安装在下列场所:

a.有易燃、易爆的场所。

b.有腐蚀性气体或高温的场所。

c.有磁力影响及多灰尘的场所。

d.潮湿场所。

③电能表的安装高度应符合下列要求:

a.距地面 1.8~2.2 m。

b.装于立式盘和成套开关柜时,不应低于 0.7 m。

c.除成套开关柜外,电能表上方一般不装经常操作的电气设备。

d.电能表装置在露天、公共场所及人易接触的地方,应加装表箱。

e.电能表表箱处于室外时,应有防雨水侵入的措施。

④电能表与表板、盘、箱和其他相邻的电器装置距离不应小于下列数值:

a.电能表上端距表板、盘的上沿不小于 50 mm。

b.电能表上端距表箱顶端不小于 80 mm。

c.电能表侧面距表板、表箱侧边不小于 60 mm。

d.电能表侧面距相邻的开关或其他电器装置不小于 60 mm。

e.电能表盘、箱的暗出线孔与表尾、表板或表箱底边沿的距离不应小于表 4-6 所列数值。

表 4-6　出线孔与表尾、表板或表箱底边沿的距离

导线截面/mm	出线孔距表尾/mm	出线孔距表板或表箱底边沿/mm
10 以下	80	50
16~25	100	80

二、空气开关

空气开关也叫断路器,俗称空开,是用来控制接通和断开电路的家用电器。家庭及类似场所一般用二极(即 2P)断路器作总电源保护,用单极(1P)断路器作分支保护。

1.空气开关的工作原理

利用双金属片热膨胀弯曲触动杠杆,使断路器脱扣起到超负载保护作用。当电流大于额定值时,双金属片弯曲并靠近传感杆,一旦双金属片接触并推动传感杆,致使其卡口松开脱扣联杆,动触头在弹簧的作用下,快速脱离静触头,完成保护。

2.空气开关的外形结构

空气开关的外形结构如图 4-8 所示。

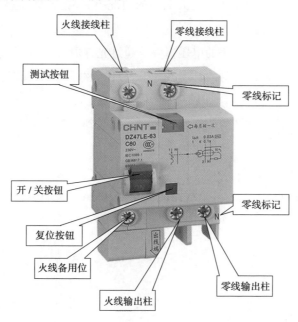

图 4-8　空气开关的外形结构图

3.空气开关的安装与连接

①做到连接处不漏铜,也不能压绝缘皮。

②单极二线漏电断路器上有"N"标志,表示此接线端接零线即黑线。

空气开关的安装与连接如图 4-9 所示。

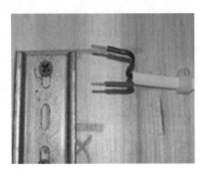

图 4-9　空气开关的安装与连接图

三、导线

在电路连接中,导线是必备的材料之一。

1.导线的结构

导线主要由主导电线芯、橡皮绝缘层、橡皮填芯、接地线芯、橡皮护套等几部分组成。

2.导线的选择

导线选择须满足以下几个条件:

①发热条件:在最高环境温度和最大负荷的情况下,保证导线不被烧坏,即导线中通过的持续电流始终是允许电流。

②电压损失条件:以保证线路的电压损失不超过允许值。

③机械强度条件:在任何恶劣的环境条件下,应保证线路在电气安装和正常运行过程中不被拉断。

④保护条件:以保证自动开关或熔断器能对导线起到保护作用。

3.导线的连接

(1)导线连接的基本要求

导线连接的质量直接关系到整个线路能否安全、可靠地长期运行,对导线连接的基本要求是:

①连接牢固可靠。

②接头电阻小。

③机械强度高。

④耐腐蚀、耐氧化。

⑤电气绝缘性能好。

(2)常用导线的连接方法

导线的剥削(注意不要损伤线芯):

①单层绝缘线的剥削,如图 4-10 所示。

②多层绝缘线的剥削。

多层绝缘线分层剥削,每层的剥削方法与单层绝缘线相同。对绝缘层比较厚的导线,采用斜剥法,即像削铅笔一样进行剥削。

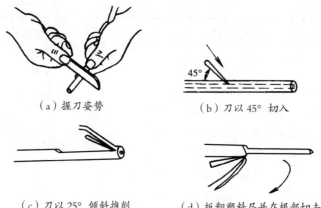

（a）握刀姿势　　　　　　　　　（b）刀以45°切入

（c）刀以25°倾斜推削　　　　（d）扳翻塑料层并在根部切去

图4-10　单层绝缘线的剥削

③塑料护套线的剥削，如图4-11所示。

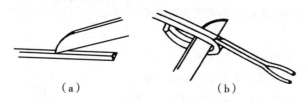

（a）　　　　　　　　　　　（b）

图4-11　塑料护套线的剥削

常用导线的连接方式见表4-7。

表4-7　常用导线的连接方式

连接方式	连接工艺要点	操作示意图
螺钉压接式连接	先将线头弯成压接圈(俗称羊眼圈)，再用螺钉压紧。弯制方法如下： ①离绝缘层根部约3 mm处向外侧折角。 ②按略大于螺钉直径弯曲圆弧。 ③剪去芯线的余端。 ④修正圆圈成圆形	

续表

连接方式	连接工艺要点	操作示意图
多股芯线与针孔接线桩的连接	先用钢丝钳将多股芯线进一步绞紧,以保证压接螺钉顶压时不致松散。如果针孔过大,则可选一根直径大小相宜的导线作为绑扎线,在已绞紧的线头上紧紧地缠绕一层,使线头大小与针孔匹配后再进行压接。如果线头过大,插不进针孔,则可将线头散开,适量剪去中间几股,然后将线头绞紧就可进行压接	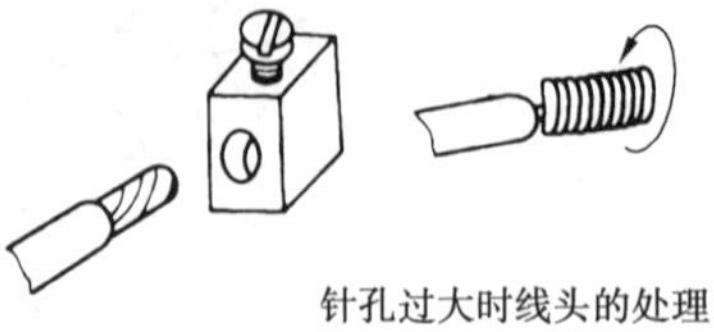  针孔合适的连接　针孔过大时线头的处理 针孔过小时线头的处理
头攻头在针孔接线桩上的连接	①按针孔深度的两倍长度,并再加 5 ~ 6 mm 的芯线根部富余度,剥离导线连接点的绝缘层。 ②在剥去绝缘层的芯线中间折成双根并列状态,并在两芯线根部反向折成90°转角。 ③把双根并列的芯线端头插入针孔,并拧紧螺钉	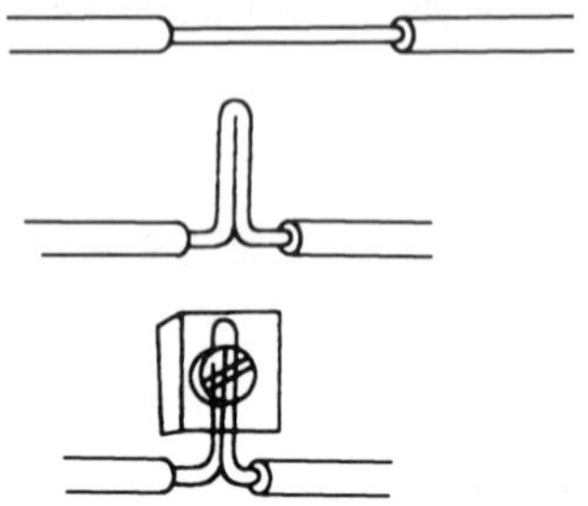 ① ② ③
线头与瓦形接线桩的连接	①先将已去除氧化层和污物的线头弯成 U 形。 ②将其卡入瓦形接线桩内进行压接。如果需要把两个线头接入一个瓦形接线桩内,则应使两个弯成 U 形的线头重合,然后将其卡入瓦形垫圈下方进行压接	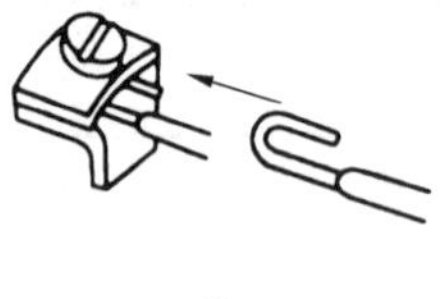 ① 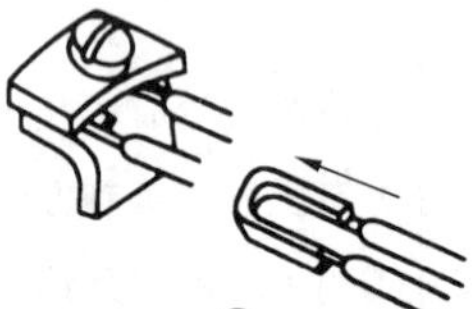 ②ouml

▶课后练习

一、知识练习

(一)填空题

1.正弦交流电每 1 s 所经过的电角度称为_____,用符号_____表示,单位为_____。

2.正弦交流电在 $t=0$ 时的相位称为_____,用 φ_0 表示,它是描述正弦交流电起始时刻所处状态的物理量。

（二）判断题

1.表示正弦交流电大小和强弱的物理量有瞬时值、最大值、有效值和平均值。（　　　）

2.正弦交流电中,最大值是有效值的 2 倍。（　　　）

（三）选择题

1.下列不是表示正弦交流电变化快慢的物理量的是（　　　）。

A.周期　　　　　　　B.频率　　　　　　　C.角频率　　　　　　　D.相位

2.周期、频率的关系（　　　）。

A.倒数　　　　　　　B.相等　　　　　　　C.大于　　　　　　　D.等于

3.下列不属于正弦交流电的三要素的是（　　　）。

A.最大值　　　　　　B.频率　　　　　　　C.初相位　　　　　　　D.相位

二、技能练习

（一）填空题

1.单相电能表主要有两大类,分别是_____电能表和_____电能表。

2.导线主要由主导电线芯、_____、_____、_____、_____等几部分组成。

3.单极二线漏电断路器上有"N"标志,表示此接线端接_____线。

（二）判断题

1.空气开关俗称空开,是用来控制接通和断开电路的家用电器。家庭及类似场所一般用二极(即 2P)断路器作总电源保护,用单极(1P)断路器作分支保护。（　　　）

2.电能表的接线允许随意交换进出线的接线位置。（　　　）

（三）选择题

1.单相电度表(俗称火表)用来测量（　　　）。

A.电功　　　　　　　B.电压　　　　　　　C.电流　　　　　　　C.电功率

2.机械式电能表有 4 个接线孔用于接进线、出线,从左到右依次编号为 1、2、3、4,其中进线编号和出线编号分别为（　　　）。

A.1、3　2、4　　　　B.1、4　2、3　　　　C.1、2　3、4　　　　C.2、3　1、4

3.电能表侧面距相邻的开关或其他电器装置不小于（　　　）。

A.60 mm　　　　　　B.80 mm　　　　　　C.65 mm　　　　　　C.85 mm

（四）写出下表中电能表表头的读数

1	4	6	5	3		2	4	3	2	7		0	8	6	6	3
示数						示数						示数				

任务二　安装单控照明电路

▶任务描述

一个单控开关控制一盏照明灯的线路在室内照明系统中最为常用,其控制过程也十分简单。

▶任务准备

一、实训准备

按照分组,各小组讨论人员分工合作情况;然后各组准备安装单控照明电路所需的元器件、耗材、资料等,实训准备清单见表4-8。

表4-8　实训准备清单

准备名称	准备内容	准备情况	负责人
元器件	接线柱、开关、灯座、白炽灯等		
耗材	导线等		
资料	教材、任务书等		

二、知识准备

正弦交流电常用的表示方法有解析式法、波形图法和相量图法,每一种方法都能反映正弦交流电的三要素。

（1）解析式表示法

解析式表示法是指用解析式表示正弦交流电的方法。

瞬时值表达式:

$$i = I_m \sin(\omega t + \varphi_{i0})$$
$$u = U_m \sin(\omega t + \varphi_{u0})$$
$$e = E_m \sin(\omega t + \varphi_{e0})$$

（2）波形图表示法

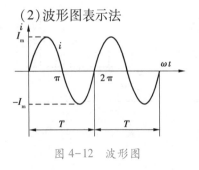

图4-12　波形图

波形图表示法是把正弦量的三要素直观地表达出来的方法,如图4-12所示。

注意:

①如果曲线的起点在坐标原点的左边,初相是正值,初相的大小为曲线起点到原点的距离。

②如果曲线的起点在坐标原点的右边,初相是

负值。

③如果曲线的起点在坐标原点上,初相值为零。

(3)相量图表示法

选一矢量其长度表示交流电的最大值(或有效值);矢量与横轴的夹角表示初相角,$\varphi_0>0$ 在横轴的上方,$\varphi_0<0$ 在横轴的下方;矢量以角速度 ω 逆时针旋转,如图 4-13 所示。

例如:

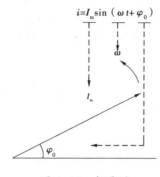

图 4-13　相量图

应用相量图时注意以下几点:

①同一相量图中,各正弦交流电的频率应相同。

②同一相量图中,相同单位的相量应按相同比例画出。

③一般取直角坐标轴的水平正方向为参考方向,有时为了方便起见,也可在几个相量中任选其一确定参考方向,并且不画出直角坐标轴。

④一个正弦量的相量图、波形图、解析式是正弦量的几种不同的表示方法,它们有一一对应的关系,但在数学上并不相等,如果写成 $e = E_m \sin(\omega t+\varphi) = \dot{E}$,则是错误的。

注意:在通常情况下,解析式法和波形图法可以互换,解析式和波形图可换成相量图。但相量图不能直接换成解析式和波形图,还需要知道正弦量的频率(角频率或者周期)才行。同频率的正弦量能画在同一矢量图上和波形图上。

▶任务实施

一、认识单控照明电路图

单控照明电路原理如图 4-14 所示,单控照明电路接线如图 4-15 所示。

图 4-14　单控照明电路原理图

图 4-15　单控照明电路接线图

二、选择单控照明电路器件

单控照明电路主要元器件清单见表 4-9。

表 4-9　单控照明电路主要元器件清单

元件名称	数　量	作　用
接线柱	1个	将屏内设备和屏外设备的线路相连接,起到信号(电流、电压)传输的作用
开关	1个	用来控制接通和断开电路
灯座	1个	固定灯的位置以及使灯触点与电源相连接
白炽灯	1个	将灯丝加热到白炽状态,利用热辐射发出可见光
导线	若干	把电源、开关、用电器连接起来,以便在开关闭合时形成电流的通路

三、安装单控照明电路

①按表 4-10 要求安装单控照明电路。

表 4-10　单控照明电路的安装

实训图片	操作方法	注意事项
	安装开关接线盒: 根据布置图用木螺钉将两个开关接线盒固定在安装板上	两个开关接线盒侧面的圆孔(穿线孔)一个开上侧、右侧的孔,另一个开左侧、上侧的孔
	安装端子排: 将接线端子排用木螺钉安装固定在接线板下方	a.根据安装任务选取合适的端子排; b.端子排固定要牢固,无缺件,绝缘良好
	固定开关面板: 将接好线的开关面板安装固定在开关接线盒上	a.固定开关面板前,应先将两根出线穿出接线盒上边的孔; b.固定开关面板时,其内部的接线头不能松动,同时理顺捋直两开关之间的三根导线
	安装圆木: 将来自开关接线盒的两根导线穿入圆木中事先钻好的两孔中,然后将圆木固定在接线板上	a.安装圆木前先在圆木的任一边缘开一 2 cm 的口,在圆木中间钻一孔以便固定; b.固定圆木的木螺钉不能太大,以免撑坏圆木

续表

实训图片	操作方法	注意事项
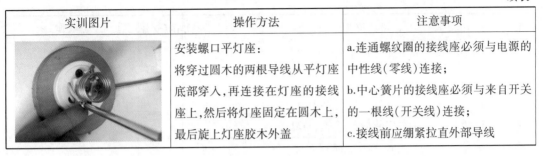	安装螺口平灯座: 将穿过圆木的两根导线从平灯座底部穿入,再连接在灯座的接线座上,然后将灯座固定在圆木上,最后旋上灯座胶木外盖	a.连通螺纹圈的接线座必须与电源的中性线(零线)连接; b.中心簧片的接线座必须与来自开关的一根线(开关线)连接; c.接线前应绷紧拉直外部导线

②安装工艺要求:

a.走线沉底,多线并拢一起走,尽量少交叉。

b.走线横平竖直,转弯成90°。

c.节点牢固,露铜不超过 1 mm,不压线,不损伤导线绝缘层。

四、检测单控照明电路

白炽灯常见故障及检修方法如下。

(1)灯泡不亮

产生原因:

①灯泡钨丝烧断。

②灯座或开关接线松动或接触不良。

③线路中有断路故障。

检修方法:

①调换新灯泡。

②检查灯座和开关的接线并修复。

③用电笔检查线路的断路处并修复。

(2)灯泡忽亮忽灭

产生原因:

①灯丝烧断,但受震动后忽接忽离。

②灯座或开关接线松动。

③电源电压不稳。

检修方法:

①更换灯泡。

②检查灯座和开关并修复。

③检查电源电压。

▶任务评价

根据单控照明电路的设计图,安装和检测单控照明电路。任务过程评价表见表4-11。

表 4-11　任务过程评价表

序　号	评价要点	配分/分	得分/分	总　评
1	电器元件是否漏接或错接	5		
2	按布置图安装	10		A(80 分及以上)　☐
	元件安装牢固	3		B(70~79 分)　☐
	元件安装整齐、合理、美观	2		C(60~69 分)　☐
	损坏元件	5		D(59 分及以下)　☐
3	按电路图接线	10		
	布线符合要求	5		
	接点松动、露铜过长、反圈	10		
	损伤导线绝缘层或线芯	10		
4	总空开能对电路进行正常控制	15		
	各分空开能对各电路进行正常控制	10		
	电能表正常使用	5		
5	是否穿绝缘鞋	5		
	操作安全规范	5		

▶知识拓展

一、灯具及灯座

(1)常用灯具

①对于灯具的样式,要根据安装环境各部位使用的功能来科学选用,一般应与环境相匹配,同时考虑性价比和消费者的喜好。

②灯具额定电压和功率会标注在灯身顶端或者外包装上。本任务选用的是 40 W 螺口白炽灯(也可以选用 5 W 的节能灯)。白炽灯主要有螺口式和卡口式两种,如图 4-16 所示。

(a)螺口式

(b)卡口式

图 4-16　常见的两种白炽灯

白炽灯是将灯丝通电加热到白炽状态,利用热辐射发出可见光的电光源。白炽灯泡内的灯丝,是用很细的钨丝绕制成的。

（2）常用灯座

①灯座又称为灯头,是固定灯泡位置和使灯泡触点与电源相连的器件。根据安装方式的不同,灯座主要有螺口式和卡口式两种,常见的灯座如图4-17所示。

根据灯头螺口的大小,灯座常用型号为E27、E14等。

（a）吊装螺口灯座　　　　（b）圆形明装螺口灯座　　　（c）吊装卡口灯座

图4-17　常见的灯座

②灯座的安装与连接

a.圆形明装螺口平灯座有两个接线桩,来自开关的受控火线必须连接在中心舌簧片的接线桩上,零线连接到螺纹圈接线桩上。

b.压接圈应顺时针弯曲,保证拧紧的时候不会使其松开。

二、开关

照明线路中的开关是用来控制接通和断开电路的家用电器,本任务主要使用的是单控开关。

（1）开关的种类

各种常见开关的分类见表4-12。

表4-12　各种常见开关的分类

分类方式	种　类	备　注
按照连接类型分类	单联开关、双联开关等	"联"指的是同一个开关面板上有几个开关按钮。所以"单联"="一个按钮";"双联"="两个按钮";"三联"="三个按钮";"控"指的是其中开关按钮的控制方式,一般分为:"单控"和"双控"两种。"单控"就是说它只有一对触点(常开触点或常闭触点);"双控"就是说它有两对触点(一对常开触点和一对常闭触点)
按安装方法分类	明装式开关、暗装式开关、半暗装式开关等	
按照开关数分类	单控开关、双控开关、多控开关	
按照开关功能分类	调光开关、调速开关、感应开关、智能开关、插卡取电开关等	

（2）开关的电路符号。

开关的电路符号见表4-13。

表 4-13　开关的电路符号

符　号	名　称	符　号	名　称
	单掷开关		拨动开关
	单刀双掷开关		按钮开关
	双刀双掷开关		联动开关

（3）开关的主要参数

开关的主要参数见表 4-14。

表 4-14　开关的主要参数

主要参数名称	参数描述	备　注
额定电压	正常工作时允许的安全电压	电压大于此值，会造成两个触点之间打火击穿
额定电流	接通时所允许通过的最大安全电流	当超过此值时，开关的触点会因电流过大而烧毁
接触电阻	在开通状态下，每对触点之间的电阻值	一般要求在 0.1 Ω 以下，此值越小越好
绝缘电阻	导体部分与绝缘部分的电阻值	绝缘电阻值应在 100 MΩ 以上
寿命	在正常工作条件下，能操作的次数	一般要求在 5 000~35 000 次

注意：

①开关必须串联在火线上，不应串接在零线回路上，这样当开关处于断开位置时，灯头及电气设备上不带电，以保证检修的安全。

②去除绝缘层不能太长，安装后接线桩处不要漏铜。

三、接线柱

接线柱就是将屏内设备和屏外设备的线路相连接，起到信号（电流、电压）传输的作用，其额定电流要大于负荷电流。接线柱结构如图 4-18 所示。

图 4-18　接线柱

▶课后练习

一、知识练习

(一)填空题

1.交流电的三要素是指_____、_____、_____。

2.交流电最大值是有效值的_____倍,其电动势、电压、电流分别用符号_____、_____、_____表示。

3.正弦交流电的表示方法有_____法、_____法和_____法。

(二)判断题

1.旋转相量反映了正弦量的三要素,又通过它在纵轴上的投影反映了正弦量的瞬时值。
（　　）

2.只要是正弦量就可以用旋转相量进行加减运算。（　　）

3.同频率的正弦量能画在同一矢量图上和波形图上。（　　）

(三)选择题

1.在纯电阻交流电路中,电压与电流的相位关系是(　　)。

A.电流超前于电压　　B.电流滞后于电压　　C.电压与电流同相位　D.无法判断

2.在我国,居民用电电压最大值为(　　)。

A.220 V　　　　　　B.311 V　　　　　　C.380 V　　　　　　D.110 V

二、技能练习

(一)填空题

1.白炽灯主要有_____、_____两种。

2.灯座又称为灯头,是固定灯泡位置和使灯泡触点与电源相连的器件。根据安装方式的不同,灯座主要有_____、_____两种。

3.开关的主要参数有_____、_____、_____、_____、_____等。

(二)判断题

1."联"指的是同一个开关面板上有几个开关按钮。所以"单联"="一个按钮";"双联"="两个按钮";"三联"="三个按钮"。（　　）

2.额定电压指正常工作时允许的安全电压。（　　）

3.单掷开关的符号是—╱—。（　　）

(三)选择题

1.使用螺口平灯座时,火线必须连接到(　　)。

A.中心舌簧片的接线桩上　　　　　　　B.螺纹圈接线桩上

C.A、B都可以

2.接线柱是将屏内设备和屏外设备的线路相连接,起到信号传输的作用,其额定电流要(　　)负荷电流。

A.大于　　　　　　　B.小于　　　　　　　C.等于

任务三　安装双控照明电路

▶任务描述

两个双控开关共同控制一盏照明灯线路可实现两地控制一盏照明灯,常用于控制家居卧室或客厅中的照明灯,一般可以在进入卧室门处安装一只开关,在床头处安装一只开关,实现两处都可对卧室照明灯进行点亮和熄灭控制,其控制过程较简单。

▶任务准备

一、实训准备

按照分组,各小组讨论人员分工合作情况;然后各组准备安装双控照明配电箱所需的元器件、耗材、资料等,实训准备清单见表4-15。

表4-15　实训准备清单

准备名称	准备内容	准备情况	负责人
元器件	接线柱、双控开关、灯座、白炽灯等		
耗材	导线等		
资料	教材、任务书等		

二、知识准备

开关控制白炽灯电路是纯电阻单相正弦交流电路在生产、生活中的实际应用。下面就一起来学习纯电阻电路的相关知识。

1.纯电阻电路

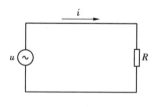

图4-19　纯电阻电路图

在交流电路中,只有电阻元件而没有电感和电容元件的电路称为纯电阻电路,其电路图如图4-19所示。在日常生活中,我们所接触到的白炽灯、电熨斗、电烙铁、电炉等的发热元件都是由电阻材料制成的,其电感、电容小到可忽略不计。这类以电阻起决定作用,而电感、电容的影响可忽略的交流电路可视为纯电阻电路。

电流与电压的关系:

①在纯电阻交流电路中,电流与电压的瞬时值、最大值、有效值都符合欧姆定律。

②纯电阻交流电路中,电阻中通过的电流也是一个与电压同频率的正弦交流电流,且与加在电阻两端的电压同相位,其相量图如图4-20所示。

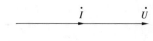

图 4-20 纯电阻交流电路相量图

2.功率

①在任一瞬间,电阻中电流瞬时值与同一瞬间电阻两端电压的瞬时值的乘积,称为电阻获取的瞬时功率,用 p 表示,即电阻是一种耗能元件,其电压、电流和功率的波形图如图4-21所示。

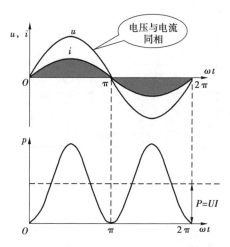

图 4-21 纯电阻交流电路电压、电流和功率波形图

②用电阻在交流电一个周期内消耗的功率的平均值来表示功率的大小,称为平均功率。平均功率又称有功功率,用 P 表示,单位仍是瓦特(W)。

$$P = UI = I^2R = \frac{U^2}{R}$$

▶**任务实施**

一、认识双控照明电路图

双控照明电路原理如图 4-22 所示,双控照明电路接线如图 4-23 所示。

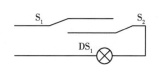

图 4-22 双控照明电路原理图

图 4-23 双控照明电路接线图

二、选择双控照明电路器件

双控照明电路元器件清单见表 4-16。

表 4-16　双控照明电路元器件清单

序　号	元器件名称	型号、规格	数量(长度)	备　注
1	白炽灯	220 V、60 W	1	
2	单联双控开关	4 A、250 V	2	
3	平装螺口灯座	4 A、250 V、E27	1	
4	圆木	—	1	
5	开关接线盒	44 mm×39 mm×35 mm	1	
6	熔断器	RL1-15	2	配熔体 2 A
7	导线	BV-1 mm²	5 m	
8	接线柱	JX3-1012		
9	接线板	700 mm×550 mm×30 mm	1	

三、安装双控照明电路

1.按要求安装双控照明电路

双控照明电路的安装见表4-17。

表 4-17　双控照明电路的安装

实训图片	操作方法	注意事项
	安装熔断器: 将熔断器安装在控制板的左上方,两个熔断器之间要间隔5~10 cm的距离	①熔断器下接线座要安装在上,上接线座安装在下; ②根据安装板的大小和安装元件的多少,离上、左 10~20 cm 的距离
	安装开关接线盒: 根据布置图用木螺钉将两个开关接线盒固定在安装板上	两个开关接线盒侧面的圆孔(穿线孔)一个开上侧、右侧的孔,另一个开左侧、上侧的孔
	安装端子排: 将接线端子排用木螺钉安装固定在接线板下方	①根据安装任务选取合适的端子排; ②端子排固定要牢固,无缺件,绝缘良好

实训图片	操作方法	注意事项
	安装熔断器至开关 S_1 的导线: 将两根导线顶端剥去 2 cm 绝缘层→弯圈→将导线弯直角 Z 形→接入熔断器两上接线座上	①剥削导线时不能损伤导线线芯和绝缘层,导线连接时不能反圈; ②导线弯直角时要做到美观,导线走线时要紧贴接线板、横平竖直、平行不交叉
	开关 S_1 面板接线: 将来自熔断器的相线接在中间接线座上,再用两根导线接在另两个接线座上	①中间接线座必须接电源进线,另两个接出线,线头需弯折压接; ②开关必须控制相线; ③零线不剪断直接从开关盒引到熔断器
	固定开关 S_1 面板: 将接好线的开关 S_1 面板安装固定在开关接线盒上	①固定开关面板前,应先将三根出线穿出接线盒右边的孔; ②固定开关面板时,其内部的接线头不能松动,同时捋直两根电源进线
	安装两开关盒之间的导线: 将来自开关 S_1 的两根相线和一根零线引至开关 S_2 的接线盒中	①走线要美观、要节约导线; ②两开关盒之间有三根导线; ③零线不剪断直接从开关 S_2 接线盒引到开关 S_1 接线盒中
	开关 S_2 面板接线: 将来自开关 S_1 接线盒的两根相线接在左右两边两个接线座上,再用一根导线接在中间一个接线座上	①左右两边两个接线座必须接电源进线,中间一个接出线,线头需弯折压接; ②开关必须控制相线; ③零线不剪断直接从开关盒引到熔断器
	固定开关 S_2 面板: 将接好线的开关 S_2 面板安装固定在开关接线盒上	①固定开关面板前,应先将两根出线穿出接线盒上边的孔; ②固定开关面板时,其内部的接线头不能松动,同时理顺捋直两开关之间的三根导线

续表

实训图片	操作方法	注意事项
	安装圆木: 将来自开关S₂接线盒的两根导线穿入圆木事先钻好的两孔中,然后将圆木固定在接线板上	①安装圆木前先在圆木的任一边缘开一 2 cm 的口,在圆木中间钻一孔以便固定; ②固定圆木的木螺钉不能太大,以免撑坏圆木
	安装螺口平灯座: 将穿过圆木的两根导线从平灯座底部穿入,再连接在灯座的接线座上,然后将灯座固定在圆木上,最后旋上灯座胶木外盖	①连通螺纹圈的接线座必须与电源的中性线(零线)连接; ②中心簧片的接线座必须与来自开关S₂的一根线(开关线)连接; ③接线前应绷紧拉直外部导线
	安装端子排至熔断器导线: 截取两根一定长度的导线,将导线理顺捋直,一端弯圈、弯直角接在熔断器下接线座上,另一端与端子排连接	①接线前应绷紧拉直导线; ②导线弯直角时要做到美观,导线走线时要紧贴接线板、横平竖直、平行不交叉; ③导线连接时要牢固、不反圈

2.检查电路并通电测试

双控照明电路的检测方法见表4-18。

表 4-18　双控照明电路的检测方法

实训图片	操作方法	注意事项
	目测检查: 根据电路图或接线图从电源开始检查线路有无漏接、错接	①检查时要断开电源; ②要检查导线接点是否符合要求、压接是否牢固; ③要注意接点接触是否良好; ④要用合适的电阻挡位进行检查,并进行"调零"; ⑤检查时可用手按下开关
	万用表检查: 用万用表电阻挡检查电路有无开路、短路情况。装上灯泡,万用表两表棒搭接熔断器两出线端,按下任一开关指针应指向"0";再按一下开关指针应指向"∞"	

实训图片	操作方法	注意事项
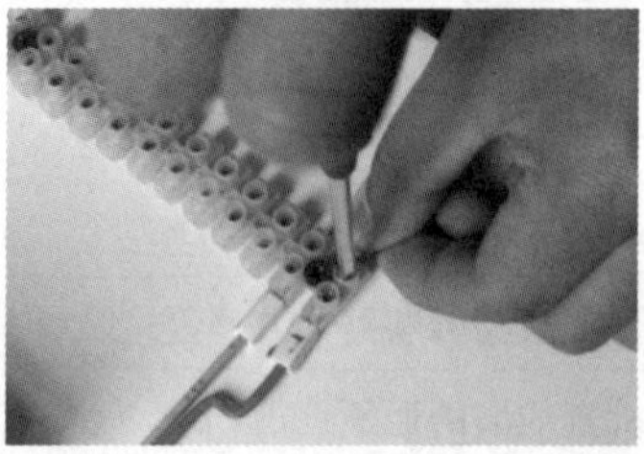	接通电源： 将单相电源接入接线端子排对应下接线座	①由指导教师监护学生接通单相电源； ②学生通电试验时，指导教师必须在现场进行监护
	验电： 用好的 380 V 验电器在熔断器进线端进行验电，以区分相线和零线	①验电前，确认学生是否已穿绝缘鞋； ②验电时，学生操作是否规范； ③如相线未进开关，应对调电源进线
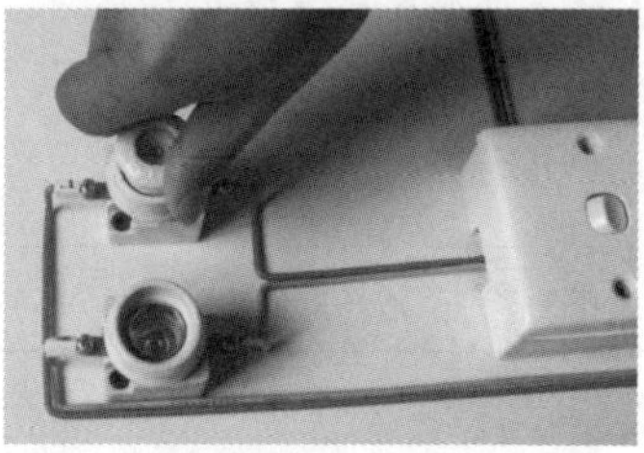	安装熔体： 将合适的好的熔体放入熔断器瓷套内，然后旋上瓷帽	①先旋上瓷套； ②熔体的熔断指示（小红点）应在上面
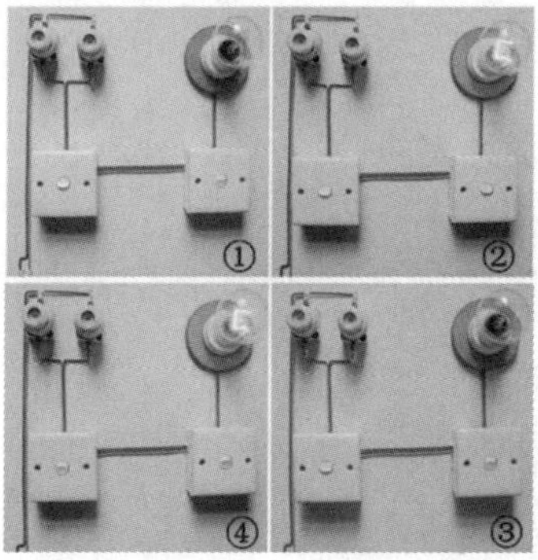	按下开关试灯： 装上灯泡，按下开关 S_1，灯亮，再按一下，灯灭；按下开关 S_2，灯亮，再按一下，灯灭	按下开关后如出现故障，应在教师的指导下进行检查，找出故障原因并排除故障后，方能通电

3.双控照明电路常见故障及检修

双控照明电路常见故障及检修方法见表4-19。

表 4-19　双控照明电路常见故障及检修方法

故障现象	产生原因	检修方法
按下任一开关，灯泡都不亮	灯泡钨丝烧断	调换新灯泡
	电源熔断器的熔丝烧断	检查熔丝烧断的原因并更换同规格熔丝
	灯座或开关接线松动或接触不良	检查灯座和开关的接线处并修复
	线路中有断路故障	用验电笔检查线路的断路处并修复
	接线错误	用万用表检查线路的通断情况
	灯座或开关接线松动	检查灯座和开关并修复
灯泡忽亮忽灭	灯丝烧断,但受振动后忽接忽离	更换灯泡
	灯座或开关接线松动	检查灯座和开关并修复
	熔断器熔丝接触不良	检查熔断器并修复
	电源电压不稳	检查电源电压不稳定的原因并修复
按下任一开关，灯泡有时亮有时不亮	灯座或开关接线松动或接触不良	检查灯座和开关的接线处并修复
	两开关之间的两根线有一根断线	用万用表检查线路的通断情况,并更换
	相线或到灯泡的进线有一处未接开关中间接线座	检查两开关的接线情况并修复
灯泡长亮	接线错误	检查两开关的接线情况并修复

▶任务评价

根据双控照明电路的设计图安装和检修。任务过程评价表见表 4-20。

表 4-20　任务过程评价表

序号	评价要点	配分/分	得分/分	总评
1	电器元件是否漏接或错接	5		
2	按布置图安装	25		A(80 分及以上) □
	元件安装牢固	5		B(70~79 分) □
	元件安装整齐、合理、美观	5		C(60~69 分) □
	损坏元件	5		D(59 分及以下) □
3	按电路图接线	10		
	布线符合要求	15		
	接点松动、露铜过长、反圈	10		
	损伤导线绝缘层或线芯	10		
4	是否穿绝缘鞋	5		
	操作安全规范	5		

►知识拓展

双控开关:用来接通或断开控制电路。单联双控开关无论处于什么状态,总有一对触点是接通的,另一对触点是断开的,内部结构如图4-24所示。

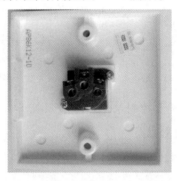

图4-24　双控开关内部结构图

注意:作单联双控开关使用时,电源进线或负荷出线需接在中间一个接线座上,另两个接出线或进线。作单控开关使用时,只能接中间和旁边的一个接线座,不能接两边的两个接线座。

►课后练习

一、知识练习

(一)填空题

1.在纯电阻电路中,电流通过电路时,所消耗的电能几乎全部转化为_____。

2.在纯电阻电路中,因为电阻是耗能元件,所以其无功功率为_____。

3.在纯电阻电路中,有功功率是瞬时功率的_____倍。

(二)判断题

1.纯电阻电路中,电压和电流的初相位均为零。　　　　　　　　　　　(　　　)

2.由节能灯组成的照明电路是纯电阻电路。　　　　　　　　　　　　　(　　　)

3.纯电阻电路中,电压和电流的频率相等。　　　　　　　　　　　　　(　　　)

(三)选择题

1.下列电器中不属于纯电阻电路的是(　　　　)。

A.电烙铁　　　　　　　　B.电熨斗　　　　　　　　C.白炽灯　　　　　　　　D.节能灯

2.下列说法正确的是(　　　　)。

A.在纯电阻电路中,电压电流的有效值、最大值、瞬时值均满足欧姆定律

B.在纯电阻电路中,电压电流的有效值、最大值、瞬时值满足欧姆定律,瞬时值不满足欧
　姆定律

C.在纯电阻电路中,电压电流的有效值、最大值、瞬时值均不满足欧姆定律

3.在纯电阻电路中,电压与电流的相位关系( )。

A.电压超前电流 90°　　　　　　　　　　　　B.电流超前电压 90°

C.电压与电流相差 0°

4.在纯电阻交流电路中,电压与电流的相位关系是( )。

A.电流超前于电压　　　　　　　　　　　　　B.电流滞后于电压

C.电压与电流同相位　　　　　　　　　　　　D.无法判断

二、技能练习

(一)填空题

1.双控开关是用来接通或断开控制电路。单联双控开关无论开关处于什么状态,总有一对触点是_____的,另一对触点是_____的。

2.双控开关作单联双控开关使用时,电源进线或负荷出线需接在_____一个接线座上,另两个接出线或进线。

3.在纯电阻电路中,有功功率是瞬时功率的_____倍。

(二)判断题

1.双控开关可以作单控开关使用。　　　　　　　　　　　　　　　　　　( )

2.双控开关作单联双控开关使用时,电源进线或负荷出线需接在中间一个接线座上,另两个接出线或进线。　　　　　　　　　　　　　　　　　　　　　　　　( )

3.开关应串接在相线上,不应接在中性线上。　　　　　　　　　　　　( )

4.剥削导线时不能损伤导线线芯和绝缘,导线连接时不能反圈。　　　　( )

5.导线走线时要紧贴接线板,要横平竖直、平行走线、不交叉。　　　　( )

项目五 三相交流电

▶项目目标

知识目标

1.能知道三相配电箱的安装方法。

2.能识读并分析电气原理图。

3.掌握三相异步电动机的结构、铭牌、星形和三角形连接。

4.能分析三相异步电动机直接启动的工作原理。

5.能知道常用的低压电器。

6.能分析三相异步电动机连续控制的工作原理。

技能目标

1.能正确安装三相配电箱。

2.能绘制三相异步电动机连续控制的电气原理图。

3.能正确判别三相异步电动机的首尾端。

4.能正确安装三相异步电动机直接启动控制电路。

5.能正确安装三相异步电动机连续控制电路。

情感目标

1.养成诚实、守信、吃苦耐劳的品德和良好的团队合作意识。

2.培养学生严谨的工作态度和精益求精的工匠精神。

3.培养学生7S管理素养。

▶项目描述

目前,我国生产、配送的都是三相交流电。三相交流电是由三个频率相同、电势振幅相等、相位差互差120°角的交流电路组成的电力系统,是三个相位差互为120°的对称正弦交流电的组合。它是由三相发电机三组对称的绕组产生的,每一绕组连同其外部回路称一相,分别记以A、B、C。它们的组合称三相制,常以三相三线制和三相四线制方式,即三角形接法和星形接法供电。

三相制在电力输送上节省导线,能产生旋转磁场,且为结构简单、使用方便的异步电动机的发展和应用创造了条件。三相制不排除对单相负载的供电,因此三相交流电获得了最广泛的应用。

任务一　安装三相配电箱

▶任务描述

　　三相配电箱是按电气接线要求将开关设备、测量仪表、保护电器和辅助设备组装在封闭或半封闭金属柜中或屏幅上,构成低压配电的装置。正常运行时可借助手动或自动开关接通或分断电路;故障或不正常运行时借助保护电器切断电路或报警。借测量仪表可显示运行中的各种参数,还可对某些电气参数进行调整,对偏离正常工作状态进行提示或发出信号,常用于各发电所、配电所、变电所中。

　　学校电工实训室设备总功率为9 kW,照明总功率为1 kW。请为该实训室安装一套三相配电箱,要求具有计量电路,短路、过载、漏电保护功能。

▶任务准备

一、实训准备

　　按照分组,各小组讨论人员分工合作情况;然后各组准备安装三相配电箱所需的元器件、工具、耗材、资料等,实训准备清单见表5-1。

表5-1　实训准备清单

准备名称	准备内容	准备情况	负责人
元器件	3P+N 总开关、熔断器、三相电度表、3P 开关、端子排等		
工具	电工网孔板、剥线钳、电工刀、螺丝刀、尖嘴钳、斜口钳、钢丝钳、验电笔等		
耗材	导线、自攻螺丝、线卡等		
资料	教材、任务书等		

二、知识准备

　　①三相配电箱里面是使用的三相配电设备(耐压等级 450 V),单相配电箱里面是使用的单相配电设备(耐压等级 250 V)。根据不同场合和实际需要,三相配电箱有各种不同的安装方式,如图5-1所示,安装时根据实际情况进行布置和安装。

　　②三相配电箱在安装时要严格按照图纸要求接线。图5-2为三相配电箱布置图,图5-3为三相配电箱接线图。

　　③三相照明配电箱器件所需器件有3P+N 总开关、三相电度表、熔断器、3P 开关、接线端子及导线,清单见表5-2。

图 5-1 三相配电箱

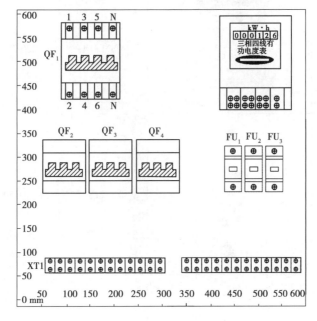

图 5-2 三相配电箱布置图

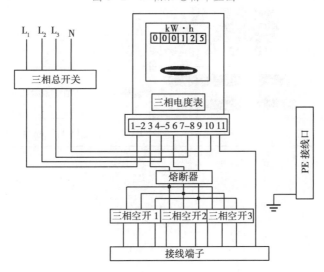

图 5-3 三相配电箱接线图

表 5-2　三相配电箱主要元器件清单

代号	名　称	实物图片	型号及规格	数量
QF	3P+N 总开关	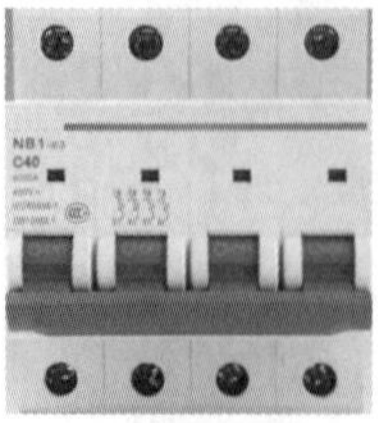	型号 Y112-4;规格 4 kW、380 V、Y 形接法、8.8 A、1 440 r/min	1
—	三相电度表		型号 DTS18;规格 3×220/380 V,50 Hz	1
FU	熔断器		型号 RT18-32X;规格 AC500V,32 A	3
QF	3P 开关	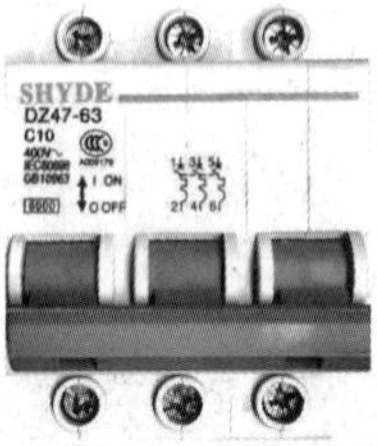	型号 DZ47-63;规格三极,额定电流 25 A	2
XT	接线端子		规格 10 A、12 节、380 V	2
—	导线	—	BVR-1.5;规格 1.5 mm²(7×0.25 mm)	若干

▶任务实施

一、安装三相照明配电箱

1.固定元器件

准备好 600 mm×500 mm 的网孔板,将各元器件牢固固定在网孔板上。操作时按照表 5-3 的步骤进行元器件的固定。

表 5-3 配电箱的安装步骤与配线

操作方法	注意事项
固定 3P+N 总开关	根据布置图用螺钉和螺母将导轨固定在网孔板上,再将 3P+N 总开关固定在导轨上
固定三相电度表	将电度表摆正,表的上下固定孔与网孔板网格对齐,用螺钉固定在网孔板上,拧紧螺母
固定熔断器	根据布置图用螺钉和螺母将导轨固定在网孔板上,再将熔断器固定在导轨上
固定 3P 开关	根据布置图用螺钉和螺母将导轨固定在网孔板上,再将 3P 开关固定在导轨上
固定端子排	根据布置图将端子排固定在网孔板上合适的位置
零线、火线配线	①剥削导线时不能损伤导线线芯和绝缘层,导线连接时不能反圈; ②导线弯直角时要做到美观,导线走线时要紧贴接线板、横平竖直、平行不交叉
导线绑扎	①导线要用塑料扎带绑扎,扎带大小要合适,间距要均匀,一般为 100 mm; ②扎带扎好后,不用的部分要用钳子剪掉

2.接线

元器件固定好后,再按照图 5-3 接线图进行接线,完成后的实物接线图如图 5-4 所示。

图 5-4 实物接线图

二、测试三相配电箱

(1)配电箱外部检测,目测判断

①导线部分的各结点是否有过热和弧光灼伤现象。

②各种仪表及指示灯是否完整,是否指示正确。

③箱门是否破损,户外照明箱有无漏水现象。

电子电工基础与技能
DIANZI DIANGONG JICHU YU JINENG

④铁制照明箱的外壳是否可靠接地。

（2）配电箱内部检测

配电箱内部检测方法见表5-4。

表5-4　配电箱内部检测方法

操作方法	注意事项
目测检查：根据电路图或接线图从电源开始检查线路有无漏接、错接 万用表检查：用万用表电阻挡检查电路有无开路、短路情况	①检查时要断开电源； ②要检查导线接点是否符合要求、压接是否牢固； ③要注意接点接触是否良好； ④要用合适的电阻挡位进行检查，并进行"调零"； ⑤检查时可合上空气开关
接通电源，合上空开，用验电笔对各结点进行验电	①由指导教师监护学生接通单相电源； ②学生通电试验时，指导教师必须在现场进行监护； ③验电前，确认学生是否已穿绝缘鞋； ④验电时，学生操作是否规范； ⑤如相线未进开关，应对调电源进线

▶任务评价

任务过程评价表见表5-5。

表5-5　任务过程评价表

序　号	评价要点	配分/分	得分/分	总　评
1	任务实训准备、知识准备充分	10		A（80分及以上）□
2	能用万用表检测任务中所用元器件	10		
3	能正确安装三相配电箱	30		B（70~79分）□
4	能自行测试三相配电箱	30		C（60~69分）□
5	小组合作、协调、沟通能力	10		D（59分及以下）□
6	7S管理素养	10		

▶知识拓展

三相四线制

在低压配电网中，输电线路一般采用三相四线制，即三根相线加零线供电。其中三条线分别代表A、B、C三相；另一条是零线，由变压器中性点引出并接地，电压为380/220 V，取任意一根相线加零线构成220 V供电线路，供一般家庭用；三根相线间电压为380 V，一般供电机使用。

导线的颜色为 A 相黄色,B 相绿色,C 相红色,N 用淡蓝色,PE 用黄绿色。

注意"三相四线"制是带电导体系统分类中的一种,和接地系统分类无任何关系,应注意避免"三相五线制"这种错误的叫法。TN-S 系统也不是"三相五线制"。任一带电导体系统都可采用任一接地系统。例如三相四线带电导体系统,可采用 TN-S 接地系统,也可采用 TN-C-S 或 TT 接地系统。这三种接地系统的末端都是五根线,都可称作"三相五线制",那又如何将他们加以区分呢? 因此"三相五线制"是一个混淆接地系统和带电导体系统两个互不关联的系统的错误名词,在编制电气规范和设计文件时应注意避免采用。GB/T 16895.1—2008里没有"三相五线制"的提法,只有"三相四线制"。"三相四线制"属于带电导体系统分类中的一种,TN-S 系统属于接地系统分类中的一种。

任务二　直接启动三相异步电动机

▶任务描述

电动机是一种将电能转换为机械能的装置,在工农业生产中通常用来驱动生产机械。因为三相异步电动机结构简单、制造方便、运行性能好、可节省各种材料、价格便宜等优点,在工矿企业生产中得到广泛应用。下面让我们一起来认识三相异步电动机吧!

▶任务准备

一、实训准备

按照分组,各小组讨论人员分工合作情况;然后各组准备安装三相异步电动机直接启动电路所需的元器件、工具、耗材、资料等,实训准备清单见表5-6。

表5-6　实训准备清单

准备名称	准备内容	准备情况	负责人
元器件	刀开关、电动机等		
工具	剥线钳、螺丝刀等		
耗材	3色导线等		
资料	教材、任务书等		

二、知识准备

1.三相异步电动机的型号、类型、铭牌及技术指标

(1)几种常见的三相异步电动机

几种常见的三相异步电动机见表5-7。

表 5-7   认识三相异步电动机

YD 系列	YS 系列	YS 系列

YZ 系列	YZR 系列	Y 系列

（2）三相异步电动机的外形、结构及原理

三相异步电动机虽然种类较多,但其基本结构都相同,都是由定子和转子两大部分组成的,此外还包括端盖、轴承、接线盒等其他附件,其组成及说明见表 5-8。

表 5-8   三相异步电动机的组成及说明

类型	三相异步电动机
外形图	
结构	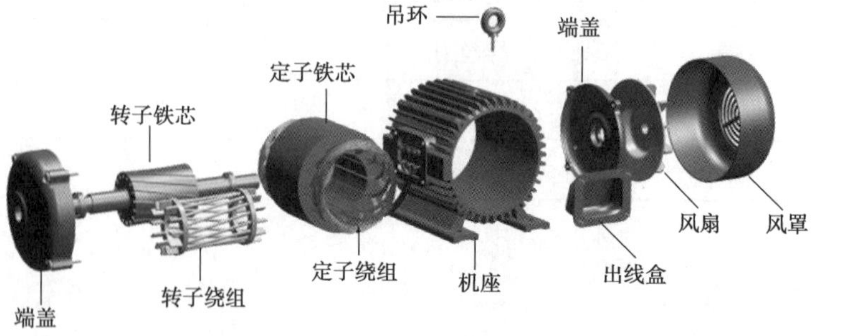
定子	定子主要由定子铁芯、定子绕组和机座组成,其主要作用是将输入的三相交流电转变成一个旋转磁场

续表

类 型	三相异步电动机
转子	转子主要由转子铁芯、转子绕组和转轴组成,其作用是在定子旋转磁场感应电磁转矩,跟着旋转磁场的方向转动,输出电力,带动机设备运行
原理	电动机通电后在铁芯中产生旋转磁场,通过电磁感应在转子绕组中产生感应电流,转子电流受到磁场的电磁力作用产生电磁转矩并使转子旋转,因此又被称为感应电机

(3)三相异步电动机的铭牌及技术指标

电动机出厂时在机座上均装有铭牌,在铭牌上标明了这台电动机的类型、主要性能、技术指标和使用条件,给用户使用和维修这台电动机提供重要依据。图5-5是三相异步电动机的铭牌。表5-9是三相异步电动机的铭牌含义及技术指标。

图5-5 三相异步电动机铭牌

表5-9 三相异步电动铭牌含义及技术指标

内 容	指 标	说 明
型号	Y180L—6	Y 表示异步电动机;180 表示机座中心高 180 mm; L 表示机座号(S——短号,m——中号,L——长号);6 表示磁极对数
额定功率	15 kW	电动机按铭牌所给条件运行时,轴所输出的机械功率
额定电压	380 V	电动机在额定状态下运行时,加在定子绕组上的线电压,通常铭牌上标有两种电压,220 V/380 V,与定子绕组的接法相对应
额定电流	31 A	电动机在额定功率及额定电压下运行时,电网注入定子绕组的线电流,对应不同的接法,额定电流也有两种额定值
额定转速	970 r/min	转子输出额定功率时每分钟的转数
接法	△	常见的有 Y 形和 △ 接法
工作制	S1	分连续、短时和断续的工作方式
额定频率	50 Hz	额定状态下电动机应接电源的频率
噪声	78 dB(A)	噪声等级
防护等级	IP44	由两个数字组成,第 1 个数字表示电器防尘、防止外物侵入的等级,第 2 个数字表示电器防湿气、防水侵入的密闭程度,数字越大表示其防护等级越高

续表

内 容	指 标	说 明
绝缘等级	B	指电动机绝缘材料的允许耐热等级,其对应温度是:A 级——105 度;B 级——120 度;E 级——130 度;F 级——155 度;H 级——180 度
重量	180 kg	电动机的自身重量
标准编号	JB	机械行业标准 JB/T 10391—2008

2.电动机的首尾端判别

在对三相异步电动机的绕组进行连接之前,必须先确定三相异步电动机绕组哪三端为同名端(即首尾端),不然就根本无法进行连接。三相异步电机首尾端的判断方法及步骤见表 5-10。

表 5-10　三相异步电机首尾端的判断方法及操作步骤

判断方法	操作步骤	示意图
用 36 V 交流电源和灯泡判别	将三相绕组的 6 个端头从接线板上拆下,先用万用表测出每相绕组的两个端头,并按图所示假设编为 1 号、2 号、3 号、4 号、5 号、6 号 如果灯泡发光,说明假设编号正确;如果灯泡不发光,说明其中有一相假设编号不对,应逐相对调重测,直至正确为止	
用万用表和直流电池判别	将三相绕组的 6 个端头从接线板上拆下,先用万用表测出每相绕组的两个端头,并按图所示假设编为 1 号、2 号、3 号、4 号、5 号、6 号 将 3、4 两号绕阻端接万用表正、负端钮,并规定接正端钮的为首端,将万用表置于直流最低毫安挡。将另一绕组的 1、2 端分别接低压直流电源正、负极;在闭合 SA 开关瞬间,如电流表指针向右偏转,则与电源正极相接的一端 1 和与万用表正端钮相接的 3 端为同极性端,均为首端。反过来,2 与 4 也是同极性端,均为尾端。用同样办法,可判断出第三相绕组的 5、6 两端。规定 1—2 端绕阻为 U 相、3—4 端绕阻为 V 相、5—6 端绕阻为 W 相	
剩磁法	将三相绕组的 6 个端头从接线板上拆下,先用万用表测出每相绕组的两个端头,并按图所示假设编为 1 号、2 号、3 号、4 号、5 号、6 号 用手转动转轴,若用万用表(或微安表)指示为 0 或很小,说明假设编号正确;若用万用表(或微安表)指示较大,说明其中有一相假设编号不对,应逐相对调重测,直至正确为止	

3.三相电动机的星形连接和三角形连接

（1）星形连接

如图 5-6 所示，分别是三相电动机的绕组电气示意图和接线盒示意图。星形连接就是将三相绕组的尾端连接在一起，再从首端引入电源的接线方法。

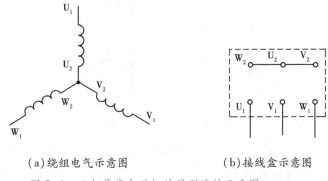

(a)绕组电气示意图　　　　(b)接线盒示意图

图 5-6　三相异步电动机的星形连接示意图

（2）三角形连接

如图 5-7 所示，分别是三相异步电动机的绕组电气示意图和接线盒示意图。三角形接法就是将每一相的首端与另一相的尾相连，再从首尾端的连接处引入电源的接线方法。

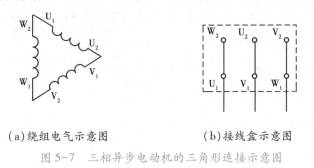

(a)绕组电气示意图　　　　(b)接线盒示意图

图 5-7　三相异步电动机的三角形连接示意图

▶任务实施

1.三相异步电动机直接启动控制线路

三相异步电动机直接启动指将额定电压直接加到电动机的定子绕组上使电动机启动。直接启动的优点是电路简单、所需电气设备少，缺点是启动电流大。通常 11 kW 及以下三相异步电动机可采用直接启动的方式启动电动机，分为手动控制和自动控制两类。

用手动电器（刀开关、断路器等）对电动机直接启动操作，如图 5-8 所示。手动控制启动电路结构简单，但安全性差，可用于 5.5 kW 及以下小容量三相异步电动机中。

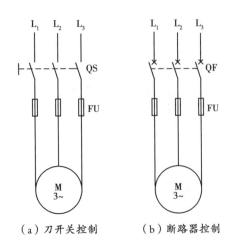

（a）刀开关控制　　　（b）断路器控制

图 5-8　三相异步电动机直接启动控制线路

2.安装刀开关控制直接启动电路

①安装刀开关控制直接启动电路需要元器件见表 5-11。

表 5-11　安装刀开关控制直接启动电路元器件表

代　号	名　称	型　号	规　格	数　量
M	三相异步电动机	Y112-4	4 kW、380 V、Y 形接法、8.8 A、1 440 r/min	1
QS	刀开关	DZ5-25/3	三极、额定电流 25 A	1
FU	螺旋式熔断器	RL1-60/25	500 V、60 A、配熔体 25 A	3
XT	端子板	JX2-1050	10 A、6 节、380 V	2
—	主电路导线	BVR-1.5	1.5 mm²（7×0.25 mm）	若干
—	控制电路导线	BVR-1.0	1 mm²（7×0.43 mm）	若干

②安装步骤及工艺：

a.检查所有元器件的好坏；

b.安装电路：

·根据电气原理图，设计布置各元件的位置和线路走向，如图 5-9（a）所示。

·再按相关配线工艺进行配线。布线原则及要求为"横平竖直，分布均匀；以接触器为中心由里向外，由低向高；先控制电路，后主电路"，如图 5-9（b）所示。

·配线完成后，对照电气原理图自检。

·交给指导教师检查无误后，在端子板下方接好电动机，带上电动机通电试车。

·将刀开关 QS 转换到启动挡位，观察电动机运行情况；如电动机不转，查找故障，并排除故障，重新运行，直到成功。

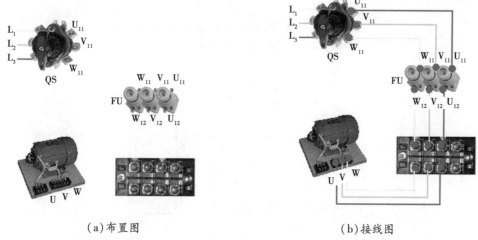

(a)布置图　　　　　　　　　　　　　(b)接线图

图5-9　三相异步电动机刀开关控制直接启动电路效果图

▶任务评价

任务过程评价表见表5-12。

表5-12　任务过程评价表

序　号	评价要点	配分/分	得分/分	总　评
1	任务学习工具、资料、知识等准备充分	10		
2	能认识任务中所需低压电器并用万用表检测	10		A(80分及以上)　□
3	能简述电动机直接启动工作原理	20		B(70~79分)　□
4	能正确进行电动机直接启动连线	40		C(60~69分)　□
5	小组学习氛围浓厚,沟通协作好	10		D(59分及以下)　□
6	7S 管理素养	10		

▶知识拓展

接触器控制电动机点动控制电路

点动控制即接下按钮时电动机启动工作,松开按钮时电动机停止工作。电动机点动控制正、反转电路如图5-10所示。

①主电路由电源开关 QS、熔断器 FU_1、接触器 KM 的主触点及电动机 M 组成。

②控制电路由熔断器 FU_2、点动按钮 SB、接触器 KM 的线圈组成。

③工作原理:

启动过程:合上电源开关 QF,按下点动按钮 SB,接触器 KM 的线圈通电,其动合主触点闭合,电动机 M 通电开始转动。

停止过程:松开点动按钮 SB,接触器 KM 线圈断电,点动控制电路的动合主触点断开,电动机 M 断电停止转动。

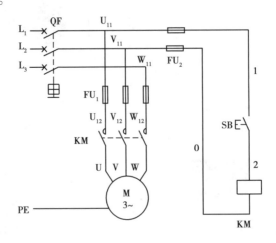

图 5-10　点动控制正、反转电路

任务三　控制三相异步电动机连续运转

▶任务描述

在机械生产车间里,操作工人加工机械零件的时候,通常需要电动机能够持续工作以实现自动加工。在点动控制电路的基础上,与启动按钮并联的交流接触器的辅助常开触点实现电动机的连续运转,也叫"自锁",同时利用热继电器进行过载保护。本任务要求实现三相异步电动机连续运转功能。

▶任务准备

一、实训准备

按照分组,各小组讨论人员分工合作情况;然后各组准备电动机连续运行电路所需的元器件、工具、耗材、资料等,实训准备清单见表 5-13。

表 5-13　实训准备清单

准备名称	准备内容	准备情况	负责人
元器件	组合开关、熔断器、交流接触器、热继电器、按钮、电动机等		
工具	剥线钳、螺丝刀等		
耗材	4 色导线等		
资料	教材、任务书等		

二、知识准备

1.常用低压电器

常用低压电器见表 5-14。

表 5-14　常用低压电器

实物图	名称	电气图形	文字符号	作用
	组合开关	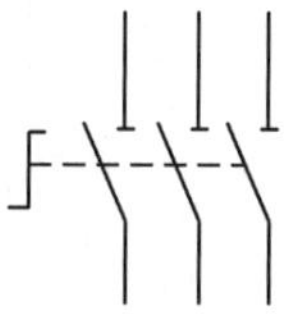	QS	组合开关的主要作用就是切断和接通负荷电路
	熔断器		FU	熔断器串接在所保护的电路中,当该电路发生过载或短路故障时,通过熔断器的电流达到或超过了某一规定值,以其自身产生的热量使熔体熔断而自动切断电路,起到保护作用
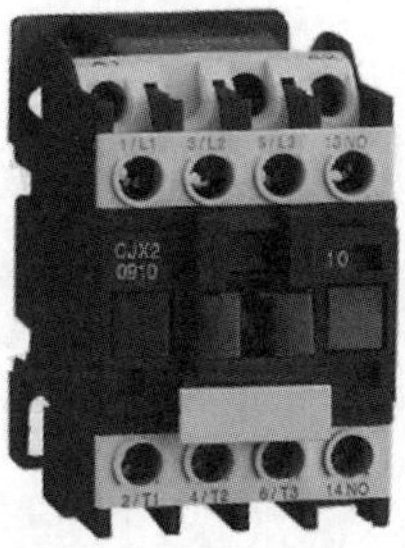	交流接触器	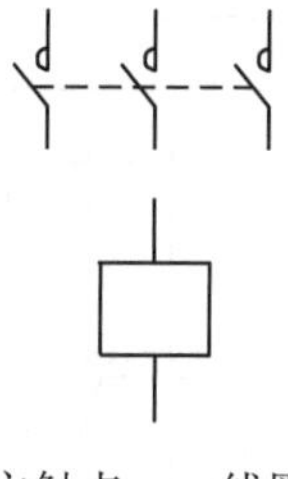 主触点　　线圈 常开　　常闭	KM	接触器用于不频繁地接通或切断交、直流主电路和控制电路,可实现远距离控制。大多数情况下其控制对象是电动机,也可以用于其他电力负载
	热继电器	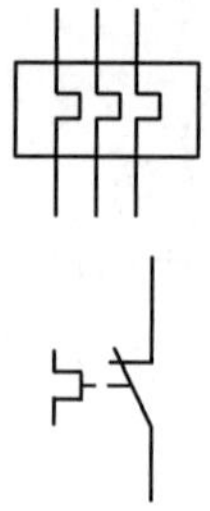 热元件　　常闭	FR	热继电器是用于电动机或其他电气设备、电气线路的过载保护的电器。发热元件串联在被保护电动机主电路中,常闭触点串联在被保护电动机线圈电路中

续表

实物图	名称	电气图形	文字符号	作用
	按钮	常开　　　　常闭	SB	手动操作接通或分断小电流控制电路。一般情况下按钮不直接控制主电路的通断,主要利用按钮开关远距离发出手动指令或信号去控制接触器、继电器等电磁装置,实现主电路的分合、功能转换或电气联锁

2.认识电气原理图

(1)电气原理图的概念

电气原理图是使用电气元器件的图形符号和文字符号,以及绘制电气原理图所需的导线等表明设备电气的工作原理及各电器元件之间的关系的一种图形。电气原理图一般由主电路、控制电路、保护电路、配电电路等几部分组成。

如图5-11所示为三相异步电动机自锁控制电气原理图。

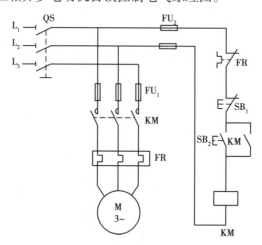

图5-11　三相异步电动机自锁控制电气原理图

(2)识读电气控制电路图的一般方法

识读电气控制电路图一般是先看主电路,再看辅助电路,并用辅助电路的回路去研究主电路的控制程序,看主电路的步骤见表5-15。

表 5-15 看主电路的步骤

步 骤	内 容	具体要求
1	看清主电路中的用电设备	用电设备指消耗电能的用电器具或电气设备。看图首先要看清楚有几个用电器,以及清楚它们的类别、用途、接线方式及一些不同要求等
2	看用电设备的控制元件	控制电气设备的方法很多,有的直接用开关控制,有的用各种启动器控制,有的用接触器控制
3	看主电路中的控制电器及保护电器	控制电器是指除常规接触器以外的其他控制元件,如电源开关(转换开关及空气断路器)、万能转换开关; 保护电器是指短路保护器件及过载保护器件,如空气断路器、熔断器、热继电器及过电流继电器等元件的用途及规格
4	看电源	要了解电源电压等级,是 380 V 还是 220 V,是从母线汇流排供电还是配电屏供电,还是从发电机组接出来的

辅助电路包含控制电路、信号电路和照明电路。分析控制电路时,根据主电路中各电动机和执行电器的控制要求,逐一找出控制电路中的其他控制环节,将控制线路"化整为零",按功能不同划分成若干个局部控制线路来进行分析。如果控制线路较复杂,则可先排除照明、显示等与控制关系不密切的电路,以便集中精力进行分析。看辅助电路的步骤见表 5-16。

表 5-16 看辅助电路的步骤

步骤	内 容	具体要求	注意事项
1	看电源	看清辅助电路的电源及其电压等级。 交流电源:①从主电路的两条相线上接来,电压为 380 V;②从主电路的一条相线和一零线上接来,电压为单相 220 V;③从专用隔离电源变压器接来,电压有 140 V,127 V,36 V,6.3 V 等。 直流电源:可从整流器、发电机组或放大器上接来,电压一般为 24 V,12 V,6 V,4.5 V,3 V 等	辅助电路中一切电器元件的线圈额定电压必须与辅助电路电源电压一致。否则,电压低时电路元件不动作;电压高时,则会把电器元件线圈烧坏
2	控制电路的继电器、接触器	了解控制电路中的继电器、接触器的用途	采用特殊结构的继电器,要了解他们的动作原理
3	根据辅助电路研究主电路的动作情况	控制电路是按动作顺序画在两条水平电源线或两条垂直电源线之间的。分析时可从左到右或从上到下来进行分析。当某条回路形成闭合回路有电流流过时,在回路中的电器元件(接触器或继电器)则动作,把用电设备接入或切除电源。在辅助电路中一般是靠按钮或转换开关把电路接通的	随时结合主电路的动作要求来分析,不可孤立地看待各部分的动作原理,应注意各个动作之间是否有互相制约的关系,如电动机正转、反转之间应设有联锁等

续表

步骤	内　容	具体要求	注意事项
4	研究电器元件之间的相互关系	电路中的一切电器元件都不是孤立存在的,而是相互联系、相互制约的	互相控制的关系有时表现在一条回路中,有时表现在几条回路中
5	研究其他电气设备和电器元件	如整流设备、照明灯等	—

3.绘制、识读电气原理图的规则及注意事项

①电气原理图应按功能来组合,同一功能的电气相关元件应画在一起。电路应按动作顺序和信号流程自上而下或自左向右排列。

②电气控制原理图分为主电路和控制电路。

③电气符号和文字符号必须按标准绘制和标注,同一电器的所有元件必须用同一文字符号标注。

④电器应该是未通电或未动作的状态,二进制逻辑元件应是置零的状态,机械开关应是循环开始的状态,即按电路"常态"画出。

▶任务实施

一、三相异步电动机连续运行线路

三相异步电动机正常工作时要求电动机连续运行,如图 5-12 是三相异步电动机连续运行原理图。

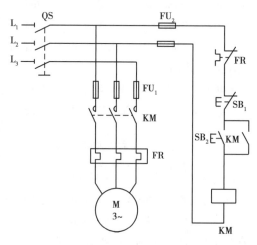

图 5-12　三相异步电动机连续运行原理图

合上开关 QS:

启动过程:$SB_2\pm$—KM↑—M+(启动)

停止过程:$SB_1\pm$—KM↓—M-(停止)

其中,SB±表示先按下后松开;KM↑表示自锁。

二、安装三相异步电动机连续运行控制电路

①安装三相异步电动机连续运行控制电路需要元器件见表5-17。

表5-17 三相异步电动机连续运行控制电路元器件表

代 号	名 称	型 号	规 格	数 量
M	三相异步电动机	Y112-4	4 kW、380 V、Y形接法、8.8 A、1 440 r/min	1
QS	刀开关	DZ5-25/3	三极、额定电流25 A	1
FU₁	熔断器	RT18-32X	AC500V,32 A,配熔体25 A	3
KM	交流接触器	CJX-209	690 V,20 A	1
FR	热继电器	NR2-25	690 V,10 A	1
XT	端子板	JX2-1050	10 A、6节、380 V	2
—	主电路导线	BVR-1.5	1.5 mm²(7×0.25 mm)	若干
—	控制电路导线	BVR-1.0	1 mm²(7×0.43 mm)	若干

②安装步骤及工艺。

a.检查所有元器件的好坏;

b.安装电路:

·根据电气原理图,设计布置各元件的位置和线路走向,如图5-13(a)所示。

·再按相关配线工艺进行配线,如图5-13(b)所示。布线原则及要求为"横平竖直,分布均匀;以接触器为中心由里向外,由低向高;先控制电路,后主电路"。

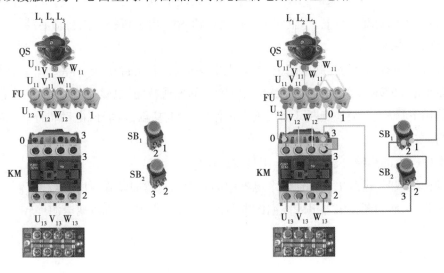

(a)布置图   (b)接线图

图5-13 三相异步电动机连续运行电路效果图

· 配线完成后,对照电气原理图自检。

· 交给指导教师检查无误后,在端子板下方接好电动机,带上电动机通电试车。

· 合上 QS,按下 SB,观察电动机运行情况;如电动机不转,查找故障,并排除故障,重新运行,直到成功。

▶任务评价

任务过程评价表见表 5-18。

表 5-18　任务过程评价表

序　号	评价要点	配分/分	得分/分	总　评	
1	任务学习工具、资料、知识等准备充分	10			
2	能认识任务中所需低压电器器件	10		A(80 分及以上)	□
3	能简述连续运行工作原理	20		B(70~79 分)	□
4	能正确进行三相异步电动机连续运行连线	40		C(60~69 分)	□
5	小组学习氛围浓厚,沟通协作好	10		D(59 分及以下)	□
6	7S 管理素养	10			

▶知识拓展

电动机失压和欠压保护

在具有接触器自锁的控制线路中,还具有对电动机失压和欠压保护的功能。

(1)失压保护

失压保护也称为零压保护。在具有自锁的控制线路中,一旦发生断电,自锁触点就会断开,接触器 KM 线圈就会断电,不重新按下启动按钮 SB_1,电动机将无法自动启动。

(2)欠压保护

在具有接触器自锁的控制电路中,控制电路接通后,若电源电压下降到一定值(一般降低到额定值的 85% 以下)时,会因接触器线圈产生的磁通减弱,电磁吸力减弱,动铁芯在反作用弹簧作用下释放,自锁触点断开而失去自锁作用,同时主触点断开,电动机停转,达到欠压保护的目的。

电路中串入的热继电器 FR,其作用是过载保护。

电动机过载时,过载电流将使热继电器中的双金属片弯曲动作,使串联在控制电路的动断触点断开,从而切断接触器 KM 线圈的电路,主触点断开,电动机脱离电源停转。

▶课后练习

一、知识练习

每组同学发一个电动机,仔细阅读说出三相异步电动机的铭牌后将铭牌数据填入

表 5-19 中。

表 5-19 三相异步电动机铭牌数据

型号		额定电流		额定转速	
额定功率		额定频率		绝缘等级	
额定电压		重量		中心高度	
定额		接法		防护等级	

二、技能练习

请自行设计一个电路,要求既能实现点动控制,又能实现连续运行。

1.绘制出电路图;

2.根据电路图设计出布置图;

3.选择合适的元器件进行安装。

模拟电子电路

晶体管是模拟集成电路中常见的软件,是威廉·肖克利最早发明并推广使用的。模拟电子电路是指用来对模拟信号进行传输、变换、处理、放大、测量和显示等工作的电路。模拟信号是指连续变化的电信号。模拟电子电路是电子电路的基础,它主要包括放大电路、信号运算和处理电路、振荡电路、调制和解调电路及电源等。

项目六　直流稳压电源电路

▶项目目标

知识目标

1.熟悉直流稳压电源的作用及组成环节。

2.掌握二极管构成的单相半波整流电路、桥式整流电路的分析方法,了解全波整流电路。

3.掌握电容滤波电路的分析方法,了解其他滤波电路。

4.掌握三端集成稳压电路的工作原理。

5.熟悉直流稳压电源的主要性能指标。

6.了解其他类型的直流稳压电源电路组成及特点。

技能目标

1.掌握直流稳压电源的制作方法。

2.初步掌握直流稳压电源的调试方法。

情感目标

1.初步形成小组协作意识。

2.培养学生严谨的工作态度和精益求精的工匠精神。

3.培养学生7S管理素养。

▶项目描述

电子设备大都需要由稳定的直流电源供电,通常都是将工业用的交流电经变换来获得所需的直流电。但是经变压、整流和滤波后的直流电压往往受交流电源波动与负载变化的影响,稳压性能较差。将不稳定的直流电压变换成稳定且可调的直流电压的电路称为直流稳压电路。

直流稳压电源是电子产品中不可缺少的一部分,它的质量直接关系到设备的质量,为设备的稳定工作提供能量。因此掌握稳压电源的安装与调试方法,对稳压电源起着非常至关重要的作用。本项目主要介绍LM317稳压电源的电路结构、组装步骤以及调试方法。

任务一　组装直流稳压电源电路

▶任务描述

将不稳定的直流电压变换成稳定且可调的直流电压的电路称为直流稳压电路,可以用 LM317 三端集成电路来实现稳定、可调的稳压电源,本任务将以认识、组装、调试简单的 LM317 可调稳压电源电路为基础,认识直流稳压电源。

▶任务准备

一、实训准备

按照分组,各小组讨论人员分工合作情况;然后各组准备组装 LM317 可调稳压电源电路所需的元器件、工具、耗材、资料等,实训准备清单见表 6-1。

表 6-1　实训准备清单

准备名称	准备内容	准备情况	负责人
元器件	LM317 可调稳压电源套件等		
工具	万用表、电烙铁、斜口钳、镊子等		
耗材	导线、焊锡丝、松香等		
资料	教材、任务书等		

二、知识准备

直流稳压电源是一种将 220 V 工频交流电转换成稳压输出的直流电的装置,它需要变压、整流、滤波、稳压 4 个环节才能完成。直流稳压电源一般由电源变压器、整流电路、滤波电路及稳压电路组成,其原理框图和波形变换如图 6-1 所示。

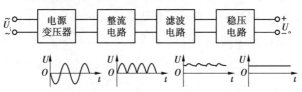

图 6-1　直流稳压电源的原理框图和波形变换

1.电源变压器

电源变压器主要是降压变压器,它的作用是将 220 V 的交流电压变换成整流电路、滤波电路所需要的交流电压 U_i。变压器的变比由变压器的副边确定,变压器副边与原边的功率比为 $P_2/P_1=n$,式中 n 是变压器的效率。

2.整流电路

（1）PN结及其单向导电性

①半导体基础知识。

物质按其导电能力的不同，可以分为导体、绝缘体和半导体三类。半导体的导电能力介于导体和绝缘体之间。半导体在常态下的导电能力非常微弱，但在掺杂、受热、光照等条件下，其导电能力大大加强。用来制造电子器件的半导体材料有硅、锗和砷化镓等。

②本征半导体。

纯净的半导体称为本征半导体，如硅和锗。本征半导体通常具有晶体结构，也称晶体。将含有硅或锗的材料经高纯度提炼制成单晶体，单晶体中的原子按一定规律整齐排列。硅原子最外层有4个价电子，与相邻的4个原子形成共价键结构。单晶硅的共价键结构如图6-2所示。

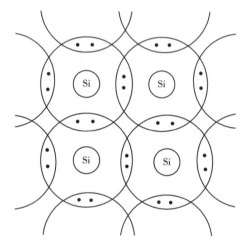

图6-2　单晶硅的共价键结构

处于共价键结构中的价电子由于受原子核的束缚较松，当它们获得一定能量（热能或光能）后，就可以挣脱原子核的束缚形成自由电子，同时，在原来共价键的位置上留下一个空位，称为"空穴"。所以，本征半导体中的电子和空穴都是成对出现的，称为电子空穴对。

在外电场的作用下，自由电子和空穴会定向移动。自由电子的定向运动形成了电子电流，仍被原子核束缚的价电子（不是自由电子）在空穴的吸引下填补空位形成了空穴电流。所以，在半导体中，存在两种载流子，即电子和空穴。

温度越高，获得能量挣脱束缚的价电子越多，产生的电子空穴对越多。因此，本征半导体中载流子的浓度与温度的高低有着十分密切的关系，温度升高，载流子的浓度随之增加。但总的说来，本征半导体的载流子总数很少，导电能力也很差。

③杂质半导体。

在本征半导体中掺入杂质，就形成杂质半导体。杂质半导体的导电能力大大提高。

若在四价的本征半导体中掺入五价元素（如硅+磷），在构成共价键时，将因磷原子多一个价电子而产生一个自由电子。掺杂浓度越高，自由电子数量越多。这种半导体称为N型半导体。N型半导体中电子为多数载流子（简称多子），空穴为少数载流子（简称少子）。

若在四价的本征半导体中掺入三价元素(如锗+硼),在构成共价键时,将因硼原子缺少一个价电子而产生一个空穴。这种半导体称为 P 型半导体。P 型半导体中空穴为多数载流子,电子为少数载流子。多子的数量取决于掺杂浓度,少子的数量取决于温度。

对于杂质半导体本身,虽然一种载流子的数量大大增加,但其对外不显示电性。

(2)PN 结的形成

采用不同的掺杂工艺,将 P 型半导体和 N 型半导体制作在同一块硅片上,在它们的交界面就形成了 PN 结。PN 结具有单向导电性。

制作在一起的 P 型半导体和 N 型半导体(又称 P 区和 N 区)的交界面中,两种载流子的浓度相差很大,因而产生了扩散运动。P 区内的空穴和 N 区内的自由电子越过交界面向对方区域扩散,如图 6-3(a)所示。P 区内的空穴扩散到 N 区后,与 N 区的电子复合而消失,N 区内的自由电子扩散到 P 区后,与 P 区的空穴复合而消失。扩散运动的结果是在 P、N 区交界处的两侧分别留下了不能移动的负、正离子,形成了一个空间电荷区。这个空间电荷区就称为 PN 结。该空间电荷区内的多数载流子因扩散、复合被消耗尽了,所以又称为耗尽层。同时,不能运动的正、负离子形成一个方向为由 N 区指向 P 区的内电场,如图 6-3(b)所示。该内电场对多数载流子的扩散运动起阻挡作用,又称为阻挡层。内电场对少数载流子(P 区的电子和 N 区的空穴)向对方区域的运动起到了推动作用。少数载流子在内电场的作用下有规则的运动称为漂移运动。在没有外加电压的情况下,最终扩散运动和漂移运动达到了动态平衡,PN 结的宽度保持一定而处于稳定状态。

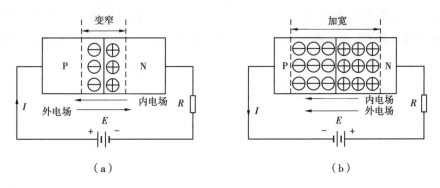

图 6-3　PN 结的形成和单向导电性

(3)PN 结的单向导电性

PN 结在没有外加电压的时候,结内的扩散运动和漂移运动处于动态平衡,对外不显电性。如果在 PN 结的两端外加电压,就将破坏原来的平衡状态。此时,扩散电流不再等于漂移电流,因而 PN 结将有电流流过。当外加电压极性不同时,PN 结表现出截然不同的导电性能,即呈现出单向导电性。

当电源的正极(或正极串联电阻后)接到 PN 结的 P 端,且电源的负极(或负极串联电阻后)接到 PN 结的 N 端时,称 PN 结外加正向电压,也称正向接法或正向偏置。此时外电场削弱了内电场,空间电荷区变窄,破坏了原来的平衡,使扩散运动加剧,漂移运动减弱。由于电源的作用,扩散运动将源源不断地进行,从而形成正向电流,PN 结导通,如图 6-3(a)所示。

PN 结导通时的结压降只有零点几伏,因而应在它所在的回路中串联一个电阻,以限制回路的电流,防止 PN 结因正向电流过大而损坏。

当电源的正极(或正极串联电阻后)接到 PN 结的 N 端,且电源的负极(或负极串联电阻后)接到 PN 结的 P 端时,称 PN 结外加反向电压,也称反向接法或反向偏置,如图 6-3(b)所示。此时,外电场与内电场的方向相同,也破坏了扩散与漂移运动的平衡。外电场使得阻挡层变厚,内电场被增强,使多数载流子的扩散运动难以进行。此时称 PN 结处于反向截止状态。同时,内电场的增强使得少数载流子的漂移运动加强,在电路中形成反向电流。但由于少数载流子的数量很少,因此反向电流很小,PN 结呈现的反向电阻很高。又因为少数载流子的数量与温度有关,所以,温度对反向电流的影响很大。

由以上分析可知,PN 结加正向电压时,结电阻很低,正向电流较大,处于正向导通状态;PN 结加反向电压时,结电阻很高,反向电流很小,处于反向截止状态。这就是 PN 结的单向导电性。

在一定条件下,PN 结还具有电容效应。这是因为 PN 结两端带有正、负电荷,与极板带电时的电容情况相似。PN 结的这种电容称为结电容。结电容的数值不大,只有几皮法。当工作频率很高时,要考虑结电容的影响。

(4)半导体二极管

①二极管的基本结构。

半导体二极管的核心部分是一个 PN 结,如图 6-4(a)所示。在 PN 结的两端加上电极,P 区引出的电极为阳极,N 区引出的电极为阴极。用管壳封装,就成为半导体二极管。其电路符号如图 6-4(b)所示。常见二极管封装如图 6-5 所示,A 表示阳极,K 表示阴极。

图 6-4　半导体二极管

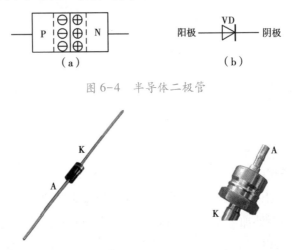

图 6-5　常见二极管封装

二极管按制造的材料分,有硅二极管和锗二极管;按 PN 结的结构分,主要有点接触型和面接触型两类。点接触型二极管(一般为锗管)PN 结面积小,不能通过大电流,通常用于高频和小功率工作电路。面接触型二极管(一般为硅管)PN 结面积大,可以通过较大电流,通常用于低频和大电流整流电路。

②二极管的伏安特性。

二极管两端电压与流过二极管电流的关系曲线称为二极管的伏安特性,它可以通过实验测出,如图 6-6 所示。

二极管接正向电压时的曲线称为二极管的正向特性。由图 6-6 可以看出,当二极管两端的正向电压很小时,其外电场不足以克服内电场对多数载流子扩散运动的阻挡,故电流接近为 0(曲线的 O—A 段),这一段称为死区,A 点对应的电压称为死区电压 UT。硅管的死区电压约为 0.5 V,锗管的死区电压约为 0.1 V。当正向电压大于死区电压时,内电场大大削弱,电流随着电压的上升变化很快,二极管进入导通状态。二极管导通后,由于特性曲线很陡,当电流在允许的范围内变化时,其两端的电压变化很小,所以,可以认为二极管的导通管压降近似为常数,硅管为 0.6~0.7 V,锗管为 0.2~0.3 V。

当温度升高时,二极管的特性曲线左移,即在相同电压的情况下,电流增大。

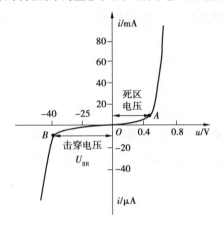

图 6-6　半导体二极管的伏安特性曲线

二极管接反向电压时的曲线称为二极管的反向特性。在反向特性中,在一定电压范围内(曲线 O—B 段),随着反向电压的增大,二极管的反向电流基本不变,且数值很小。硅二极管的反向电流比锗二极管要小得多。该反向电流称为反向饱和电流。当二极管两端电压增大到一定数值(B 点对应电压)时,反向电流会突然急剧增大,这种现象称为反向击穿,此时的电压称为反向击穿电压 U_{BR}。普通二极管被击穿后,一般不能恢复原来的性能,使用时应加以避免。

当温度升高时,二极管的反向饱和电流显著增大,而反向击穿电压下降。锗管的反应尤其敏感。

③二极管的主要参数。

二极管的参数是正确选择和使用二极管的依据,具体数值可通过网络查找器件原厂说明书获得。二极管的主要参数说明如下。

a.最大正向电流 I_m:二极管长时间连续工作时,允许通过的最大正向平均电流。二极管实际使用时通过的平均电流不允许超过此值,否则会因过热使二极管损坏。常用整流二极管 1N4000 系列的最大正向电流为 1 A。

b.最高反向工作电压 U_{xu}：二极管正常工作时,允许承受的最大反向工作电压。一般是反向击穿电压 U 的 1/2 或 2/3。二极管实际使用时承受的反向电压不应超过此值,以免发生击穿。常用整流二极管 1N4007 的耐压值为 1 000 V。

c.正向导通电压 U：二极管通过额定正向电流时,在两极间所产生的导通压降。导通压降越高,二极管正向导通时的功耗越大。因此在低压场合下,常选用肖特基二极管,例如肖特基二极管 1N5817 在 $I=0.1$ A 时,导通电压仅为 0.32 V。

d.反向电流 I,二极管在特定温度和最高反向工作电压作用下,流过二极管的反向电流。其值大,说明该二极管的单向导电性差,且受温度影响大。当温度升高时,反向电流会显著增大。肖特基二极管的反向电流较大,达毫安级。

e.反向恢复时间 t。二极管由导通状态向截止状态转变时,需要释放存储在结电容中的电荷,该放电时间被称为反向恢复时间。其值小,意味着可以应用在工作频率较高的场合。快恢复二极管的反向恢复时间短,例如 1N4148 仅为 4 ns。

④二极管的应用举例。

二极管的应用范围很广,主要利用它的单向导电性,可用于整流、检波、限幅、钳位、元件保护等,也可在数字电路中作为开关使用。

在实际应用中,常常把二极管理想化。当二极管加正向电压(阳极电位高于阴极电位)时导通,导通时的正向管压降近似为 0,导通时的正向电流由外电路决定;当二极管加反向电压(阳极电位低于阴极电位)时截止,截止时的反向电流为 0,截止时二极管承受的反向电压由外电路决定。

⑤整流电路。

a.单相半波整流电路。

单相半波整流电路如图 6-7(a)所示。其中 u_1、u_2 分别为变压器的原边和副边交流电压,R_L 为负载电阻。

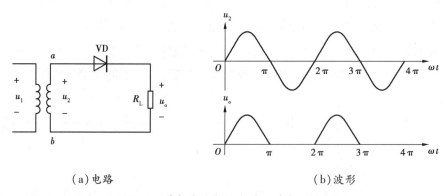

（a）电路 （b）波形

图 6-7 单相半波整流电路及其电压波形

设电源变压器副边电压为：

$$u_2 = \sqrt{2}\,U_2 \sin \omega t$$

当 u_2 为正半周时,二极管 VD 承受正向电压而导通,此时有电流流过负载,并且和二极管上的电流相等,即 $i_o = i_p$。忽略二极管的电压降,则负载两端的输出电压等于变压器副边电压,即 $u_o = u_2$,输出电压 u_o 的波形与 u_2 相同。

当 u 为负半周时,二极管 VD 承受反向电压而截止。此时负载上无电流流过,输出电压 $u_o = 0$,变压器副边电压 u,全部加在二极管 VD 上。

综上所述,在负载电阻 R 上得到的是如图 6-7(b)所示的单向脉动电压。

参数计算:

输出电压平均值:$U_o = \dfrac{1}{2\pi}\displaystyle\int_0^{\pi}\sqrt{2}\,U_2\sin(\omega t)\,\mathrm{d}(\omega t) = 0.45U_2$

流过二极管电流的平均值与负载电流平均值相等:$I_D = I_o = 0.45\dfrac{U_2}{R_L}$

二极管截至时承受的最高反向电压 u_2 的最大值为:$U_{RM} = \sqrt{2}\,U_2$。

b.单相桥式整流电路。

单相桥式整流电路由变压器、4 只接成电桥形式的二极管和负载电阻组成,如图 6-8(a)所示。图 6-8(b)为单相桥式整流电路的一种简便画法。

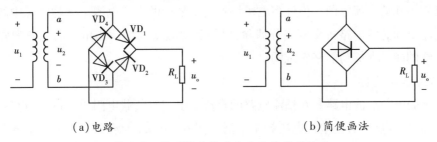

(a)电路　　　　　　　　　　(b)简便画法

图 6-8　单项桥式整流电路及其简便画法

设电源变压器副边电压为:$u_2 = \sqrt{2}\,U_2\sin \omega t$

当 u_2 为正半周时,a 点电位高于 b 点电位,二极管 VD$_1$、VD 承受正向电压而导通,VD$_2$、VD 承受反向电压而截止。此时电流的路径为:$a \rightarrow$ VD$_1$ $\rightarrow R_L \rightarrow$ VD$_3$ $\rightarrow b$。

当 u_2 为负半周时,b 点电位高于 a 点电位,二极管 VD$_2$、VD,承受正向电压而导通,VD、VD$_3$ 承受反向电压而截止。此时电流的路径为:$b \rightarrow$ VD$_2$ $\rightarrow R_L \rightarrow$ VD$_4$ $\rightarrow a$。

可见无论电压 u_2 是在正半周还是在负半周,负载电阻 R_L 上都有相同方向的电流流过。因此在负载电阻 R 上得到的是单向脉动电压和电流,忽略二极管导通时的正向压降,则电路波形如图 6-9 所示。

单相桥式整流电压的平均值为:$U_o = \dfrac{2\sqrt{2}}{\pi}U_2 = 0.9U_2$。

流过负载电阻 R 的电流平均值为:$I_o = \dfrac{U_o}{R_L}$。

每个二极管承受的反向电压最大值为变压器二次电压的峰值:$U_{RM} = \sqrt{2}\,U_2$。

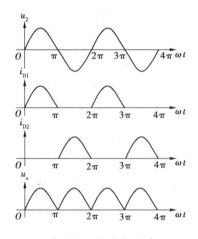

图 6-9　电路波形图

3.滤波电路

整流电路可以将交流电转换为直流电,但脉动较大,在某些应用中如电镀、蓄电池充电等可直接使用脉动直流电源。但许多电子设备需要平稳的直流电源。这种电源中的整流电路后面还需要加滤波电路将交流成分滤除,以得到比较平滑的输出电压。滤波通常是利用电容或电感的能量存储功能来实现的。

(1)电容滤波电路

最简单的电容滤波电路是在整流电路的直流输出侧与负载电阻 R_L 并联一电容器C,利用电容器的充放电作用,使输出电压趋于平滑。图 6-10(a)所示为单相半波整流电容滤波电路。

设电源变压器副边电压为:

$$u_2 = \sqrt{2}\,U_2\sin \omega t$$

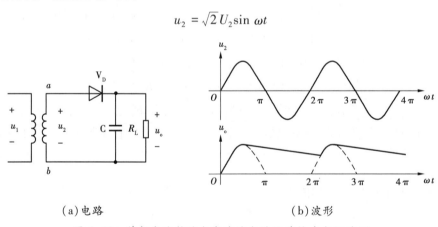

（a）电路　　　　　　　　　　（b）波形

图 6-10　单相半波整流电容滤波电路及其输出电压波形

假设电路接通时恰恰在 u_2 由负到正过零的时刻,这时二极管 VD 开始导通,电源 u_2 在向负载 R_L 供电的同时又对电容 C 充电。如果忽略二极管正向压降,电容电压 u_c 紧随输入电压 u_2,按正弦规律上升至 u_2 的最大值。然后 u_2 继续按正弦规律下降,而电容 C 则对负载电阻 R_L 按指数规律放电,此时 $u_2 < u_c$,使二极管 VD 截止。u_c 降至 $u_2 > u_c$ 时,二极管又导通,电容 C 再次充电……这样循环下去,u_2 周期性变化,电容 C 周而复始地进行充电和放电,使输出电压脉动减小,如图6-10(b)所示。电容 C 放电的快慢取决于时间常数($\tau = R_LC$)的大小,时间常数越大,电容 C 放电越慢,输出电压 $u_。$ 就越平坦,平均值也越高。

单相桥式整流、电容滤波电路的输出特性曲线如图6-11所示。从图中可见,电容滤波电路的输出电压在负载变化时波动较大,说明它的带负载能力较差,只适用于负载较轻且变化不大的场合。

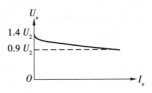

图6-11　电容滤波电路输出
特性曲线

一般常用如下经验公式估算电容滤波时的输出电压平均值:

①半波:

$$U_。 = U_2$$

②桥式:

$$U_。 = 1.2U_2$$

③空载:

$$U_。 = 1.4U_2$$

为了获得较平滑的输出电压,一般要求 $R_L \geqslant (10 \sim 15)\dfrac{1}{WC}$,即

$$\tau = R_LC \geqslant (3 \sim 5)\dfrac{T}{2}$$

式中　T——交流电压的周期。

滤波电容 C 一般选择体积小、容量大的电解电容器。应该注意,普通电解电容器有正、负极性,使用时正极必须接高电位端,如果接反会造成电解电容器的损坏。

由图6-10(b)可见,加入滤波电容以后,二极管导通时间缩短,且在短时间内承受较大的冲击电流($i_c + i_。$),为了保证二极管的安全,选管时应放宽裕量。

单相半波整流、电容滤波电路中,二极管承受的反向电压为 $u_{DR} = u_c + u_2$,当负载开路时,承受的反向电压最高,为:

$$U_{RM} = 2\sqrt{2}\,U_2$$

(2)电感滤波电路

电感滤波电路如图6-12所示,即在整流电路与负载电阻 R_L 之间串联一个电感器 L。电流变化时电感线圈中将产生自感电动势来阻止电流的变化,使电流脉动趋于平缓,起到滤波作用。

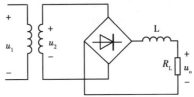

图6-12　电感滤波电路

电感滤波适用于负载电流较大的场合。它的缺点是制作复杂、体积大、笨重且存在电磁干扰。

（3）复合滤波电路

单独使用电容或电感构成的滤波电路,滤波效果不够理想,为了满足较高的滤波要求,常采用电容和电感组成的 LC、CLC(π 型)等复合滤波电路,其电路形式如图 6-13(a)、(b)所示。这两种滤波电路适用于负载电流较大、要求输出电压脉动较小的场合。在负载较轻时,经常采用电阻替代笨重的电感,构成如图 6-13(c)所示的 CRC(π 型)滤波电路,同样可以获得脉动很小的输出电压。但电阻对交、直流均有压降和功率损耗,故只适用于负载电流较小的场合。

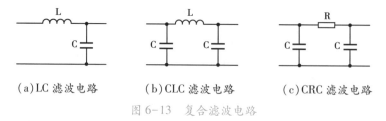

(a)LC 滤波电路　　　　(b)CLC 滤波电路　　　　(c)CRC 滤波电路

图 6-13　复合滤波电路

4.稳压电路

稳压电路的作用是采取某些措施,使输出的直流电压在电网电压或负载电流发生变化时保持稳定。

（1）稳压二极管稳压

①稳压二极管简介。

稳压二极管又称齐纳二极管,如图 6-14 所示。稳压二级管是利用 PN 结反向击穿状态,其电流可在很大范围内变化而电压基本不变的现象,制成的起稳压作用的二极管。此二极管是一种直到临界反向击穿电压前都具有很高电阻的半导体器件,在这临界击穿点上,反向电阻降低到一个很小的数值,在这个低阻区中电流增加而电压则保持恒定,稳压二极管是根据击穿电压来分挡的,因此,稳压管主要被作为稳压器或电压基准元件使用。稳压二极管可以串联起来以便在较高的电压上使用,通过串联就可获得更高的稳定电压。

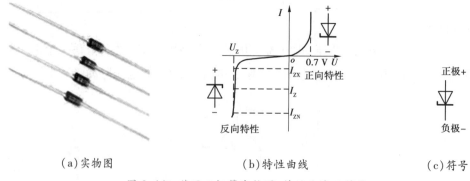

(a)实物图　　　　　　(b)特性曲线　　　　　　(c)符号

图 6-14　稳压二极管实物图、特性曲线及符号

原理:稳压二极管的伏安特性曲线的正向特性和普通二极管差不多,反向特性是在反向电压低于反向击穿电压时,反向电阻很大,反向漏电流极小。但是,当反向电压临近反向电

压的临界值时,反向电流骤然增大,称为击穿,在这一临界击穿点上,反向电阻骤然降至很小值。尽管电流在很大的范围内变化,但二极管两端的电压却基本上稳定在击穿电压附近,从而实现了二极管的稳压功能。

②简易稳压电路。

简易稳压电路如图 6-15 所示,利用稳压二极管的电击穿特性,当输入电压达到反向击穿电压时,反向电阻大,反向漏电流极小,输出负载上的电压恒定为 U_{D_z},使 U_o 稳定不变。

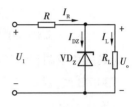

图 6-15　简易稳压电路

（2）三端集成稳压

随着集成技术的发展,稳压电路也迅速实现集成化。目前已能大量生产各种型号的单片集成稳压电路。集成稳压器具有体积小、可靠性高以及温度特性好等优点,而且使用灵活、价格低廉,被广泛应用于仪器、仪表及其他各种电子设备中,特别是三端集成稳压器,如图 6-16 所示。

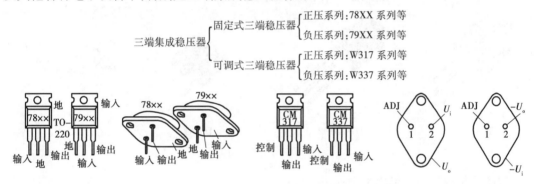

图 6-16　三端集成稳压器

LM317 是美国国家半导体公司的三端可调正稳压器集成电路。LM317 的输出电压是 1.2~37 V,负载电流最大为 1.5 A。它的使用非常简单,仅需两个外接电阻来设置输出电压。此外它的线性调整率和负载调整率也比标准的固定稳压器好。LM317 内置过载保护、安全区保护等多种保护电路。通常 LM317 不需要外接电容,除非输入滤波电容到 LM317 输入端的连线超过 6 英寸（约 15 cm）。使用输出电容能改变瞬态响应。调整端使用滤波电容能得到比标准三端稳压器高得多的纹波抑制比。LM317 能够有许多特殊的用法。比如把调整端悬浮到一个较高的电压上,可以用来调节高达数百伏的电压,只要输入输出压差不超过 LM317 的极限就行。当然还要避免输出端短路。还可以把调整端接到一个可编程电压上,实现可编程的电源输出。

LM317 可调式三端稳压器电源能够连续输出可调的直流电压,不过它只能连续可调正电压,稳压器内部含有过流、过热保护电路,由一个电阻（R）和一个可变电位器（RP）组成电压输出调节电路,输出电压为:$V_o = 1.25(1 + RP/R)$。

三端可调稳压器的输出电压可调,稳压精度高,输出波纹小,其一般的输出电压为 1.25~35 V 或 -1.25~-35 V。比较典型的产品有 LM317 和 LM337 等。

其中 LM317 的输出电压是 1.2~37 V,LM337 的输出电压是 -1.2~-37 V,负载电流最大为 1.5 A。它的使用非常简单,仅需两个外接电阻来设置输出电压。此外它的线性调整率和负载调整率也比标准的固定稳压器好。LM317 内置过载保护、安全区保护等多种保护电路。

LM317 集成稳压器特性简介:

①可调整输出电压低到 1.2 V。

②保证 1.5 A 输出电流。

③典型线性调整 0.01%。

④典型负载调整 0.1%。

⑤80 dB 纹波抑制比。

⑥输出短路保护。

⑦过流、过热保护。

⑧调整管安全工作区保护。

⑨标准三端晶体管封装如图 6-17 所示。

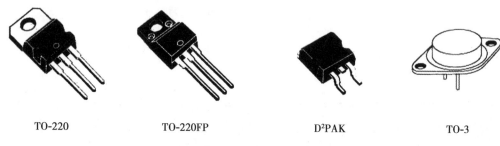

TO-220   TO-220FP   D²PAK   TO-3

图 6-17　LM317 封装

LM317 集成稳压器电压范围:

①1.25~37 V 连续可调。

②输入输出最小压差降为 0.2 V。

图 6-18 是三端可调输出集成稳压器的一般应用电路。电路中的 R_1、R_2 组成可调输出的电阻网络。为了能使电路中的偏置电流和调整管的漏电流被吸收,所以设定 R_1 为 120~240 Ω。通过 R_1 泻放的电流为 5~10 mA。输入电容器 C_1 用于抑制纹波电压,输出电容器 C_2 用于消震,缓冲冲击性负载,保证电路工作稳定。

由于加外接保护电路 C_2 的存在,容易发生电容器发电而损坏稳压器。若有外接保护二极管 VD_2,电容器 C_2 放电时,VD_1 导通钳位,使稳压器得到保护。VD_1 是为了防止调节端旁路电容器 C_3 放电时而损坏稳压器的保护二极管。旁路电容器 C_3 也是为了抑制波纹电压而设置的。当 C_3 为 10 μF 时,能提高纹波抑制比 15 dB。

稳压电源的技术指标可以分为两大类:一类是特性指标,如输出电压、输出电滤及电压调节范围;另一类是质量指标,反映一个稳压电源的优劣,包括稳定度、等效内阻(输出电阻)、纹波电压及温度系数等。

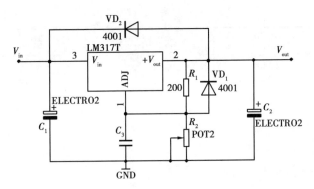

图 6-18　三端可调输出集成稳压器应用电路图

▶任务实施

一、认识 LM317 可调稳压电源

LM317 的输出电压是 1.25~37 V(本任务设计输出电压是 1.25~12 V),负载电流最大为 1.5 A。它的使用非常简单,仅需两个外接电阻来设置输出电压。此外它的线性调整率和负载调整率也比标准的固定稳压器好。LM317 内置过载保护、安全区保护等多种保护电路。为保证稳压器的输出性能,R 应小于 240 Ω。改变 RP 阻值即可调整稳压电压值,VD_5,VD_6 用于保护 LM317。输出电压计算公式 $U_o=(1+RP/R)\times1.25$,LED_1 作为电压指示,电压越高,LED 越亮。

二、认识与检测 LM317 可调稳压电源元器件

(1)认识元器件

表 6-2　元器件清单

标　号	名　称	规　格	数　量	清点结果
VD_1~VD_6	二极管	1N4007	6	
P_1~P_2	接线端子	5.08 mm 2P	2	
R_2	直插色环电阻	1 kΩ	1	
R_1	直插色环电阻	240 Ω	1	
RP_1	单联电位器	10 kΩ	1	
C_1	直插电解电容	1 000 μF	1	
C_2	直插电解电容	470 μF	1	
C_3,C_4	瓷片电容	0.1 μF	2	
LED_1	直插发光二极管	红发红 5 mm	1	
—	散热片	—	1	

续表

标 号	名 称	规 格	数 量	清点结果
—	螺丝	M3×6	1	
VR$_1$	集成电路	LM317	1	

（2）检测元器件

元器件检测见表6-3。

表6-3 元器件检测表

元器件	识别及检测内容				
电阻	名称	颜色环	标称值（含误差）	测量值	测量表型及挡位
	R$_1$				
	R$_2$				
电位器	名称	画外形图		最大电阻	可调范围
	RP$_1$				
二极管	名称	画外形图标出引脚极性		正向电压	导通电压
	VD$_3$				
电容	名称	画外形图		标称值	测量值
	C$_2$				
集成电路	名称	画平面引脚分布图		电源引脚	接地引脚
	VR$_1$				

三、组装 LM317 可调稳压电源

对照 LM317 可调稳压电源电路图6-19、元器件清单表6-2,将所有元器件准确无误地安装焊接到如图6-20所示的电路板上。组装技术要求见表6-4。

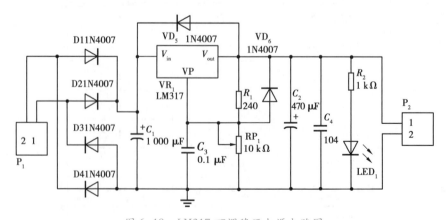

图6-19 LM317 可调稳压电源电路图

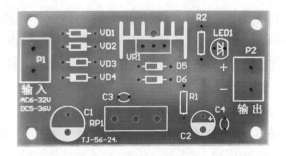

图 6-20 LM317 可调稳压电源电路板

表 6-4 组装技术要求

内 容	技 术 要 求
元器件引脚	引脚加工尺寸、成形、修脚长度应符合装配工艺要求
元器件安装	元器件安装位置、极性正确;高度、字标方向符合工艺要求;安装牢固、排列整齐
焊点	焊点圆润、干净、无毛刺、大小适中;无漏、假、虚、连焊;焊盘不应脱落;无烫伤和划伤
工具使用和维护	电烙铁、钳口工具、万用表的正确使用和维护
职业安全意识	工具摆放整齐;操作符合安全操作规程;遵守纪律,服从教师和实验室管理员管理;保持工位的整洁

▶任务评价

任务过程评价表见表 6-5。

表 6-5 任务过程评价表

序 号	评价要点	配分/分	得分/分	总 评	
1	任务实训准备、知识准备充分	15			
2	能说出电路的功能原理	10		A(80 分及以上)	□
3	能正确识别与检测元器件并完成表 6-2、表 6-3	30		B(70~79 分)	□
4	能根据表 6-4 的要求完成电路板的组装	30		C(60~69 分)	□
5	小组合作、协调、沟通能力	5		D(59 分及以下)	□
6	7S 管理素养	10			

▶知识拓展

一、并联型稳压电源电路

稳压管工作在反向击穿区时,即使流过稳压管的电流有较大的变化,其两端的电压也基本保持不变。

利用这一特点,将稳压管与负载电阻并联,并使其工作在反向击穿区,就能在一定的条件下保证负载上的电压基本不变,从而起到稳定电压的作用,电路如图 6-21 所示,其中稳压管 VD_Z 反向并联在负载电阻 R_L 两端,电阻 R 起限流和分压作用。稳压电路的输入电压 U_i 来自整流滤波电路的输出电压。

输入电压 U_i 波动时会引起输出电压 U_o 波动。如 U_i 升高将引起 $U_o = U_Z$ 随之升高,导致稳压管的电流 I_Z 急剧增加,电阻 R 上的电流 I 和电压 U_R 迅速增大,从而使 U_o 基本保持不变。反之,当 U_i 减小时,U_R 相应减小,仍可保持 U_o 基本不变。

当负载电流 I_o 发生变化引起输出电压 U_o 发生变化时,同样会引起 I_Z 的相应变化,使 U_o 保持基本稳定。如当 I_o 增大时,I 和 U_R 均会随之增大使 U_o 下降,这将导致 I_Z 急剧减小,使 I 仍维持原有数值保持 U_R 不变,U_o 得到稳定。

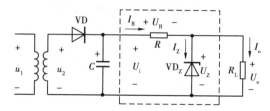

图 6-21　并联型稳压电源电路

可见,这种稳压电路中稳压管 VD_Z 起着自动调节作用,电阻 R 一方面保证稳压管的工作电流不超过最大稳定电流 I_{ZM};另一方面还起到电压补偿作用。

硅稳压管稳压电路虽然很简单,但是受稳压管最大稳定电流的限制,负载电流不能太大。另外,输出电压不可调且稳定性也不够理想。

二、串联型稳压电源电路

串联型稳压电源电路如图 6-22 所示。

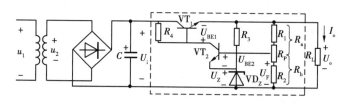

图 6-22　串联型稳压电源电路

整个电路由 4 部分组成:

①取样环节。由 R_1,R_p,R_2 组成的分压电路构成,它将输出电压 U_o 分出一部分作为取样电压 U_p,送到比较放大环节。

②基准电压。由稳压二极管 VD_Z 和电阻 R_3 构成的稳压电路组成,它为电路提供一个稳定的基准电压 U_Z,作为调整、比较的标准。

设 VT_2 发射结电压 U_{BE2} 可忽略,则:

$$U_F = U_Z = \frac{R_b}{R_a + R_b} U_o$$

或
$$U_{\mathrm{o}} = \frac{R_{\mathrm{a}} + R_{\mathrm{b}}}{R_{\mathrm{b}}} U_{\mathrm{z}}$$

用电位器 R_{p} 即可调节输出电压 U_{o} 的大小,但 U_{o} 必定大于或等于 U_{z}。

③比较放大环节。由 VT_2 和 R_4 构成的直流放大器组成,其作用是将取样电压 U_{p} 与基准电压 U_{z} 之差放大后去控制调整管 VT。

④调整环节。由工作在线性放大区的功率管 VT 组成,VT 的基极电流 I_{B1} 受比较放大电路输出的控制,它的改变又可使集电极电流 I_{C1} 和集射电压 U_{CE1} 改变,从而达到自动调整稳定输出电压的目的。

电路的工作原理如下:当输入电压 U_{i} 或输出电流 I_{o} 变化引起输出电压 U_{o} 增加时,取样电压 U_{p} 相应增大,使 VT_2 管的基极电流 I_{B2} 和集电极电流 I_{C2} 随之增加,VT_2 管的集电极电位 U_{C2} 下降,因此 VT_1 管的基极电流 I_{B1} 下降,使得 I_{C1} 下降,U_{CE1} 增加,U_{o} 下降,使 U_{o} 保持基本稳定。这一自动调压过程可表示如下:

$$U_{\mathrm{o}} \uparrow \rightarrow U_{\mathrm{F}} \uparrow \rightarrow I_{\mathrm{B2}} \uparrow \rightarrow I_{\mathrm{C2}} \uparrow \rightarrow U_{\mathrm{C2}} \downarrow \rightarrow I_{\mathrm{B1}} \downarrow \rightarrow U_{\mathrm{CE1}} \uparrow$$
$$U_{\mathrm{o}} \downarrow \leftarrow$$

同理,U_{i} 或 I_{o} 变化使 U_{o} 降低时,调整过程相反,U_{C} 将减小使 U_{o} 保持基本不变。从上述调整过程可以看出,该电路是依靠电压负反馈来稳定输出电压的。

比较放大环节也可采用集成运算放大器,如图 6-23 所示。

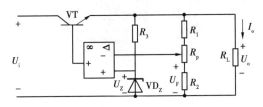

图 6-23　采用集成运算放大器的稳压电源

三、集成稳压器

串联型稳压电路输出电流较大,稳压精度较高,曾获得较广泛的应用。但由分立元件组成的串联型稳压电路,即使采用了集成运算放大器,仍要外接不少元件,因而体积大,使用不便。集成稳压电路是将稳压电路的主要元件甚至全部元件制作在一块硅基片上的集成电路,因而具有体积小、使用方便、工作可靠等特点。

集成稳压器的种类很多,作为小功率的直流稳压电源,应用最为普遍的是三端式串联型集成稳压器。三端式是指稳压器仅有输入端、输出端和公共端 3 个接线端子。图 6-24 所示为 W78×× 和 W79×× 系列稳压器的外形和管脚排列图,W78×× 系列输出正电压有 5 V,6 V,8 V,9 V,10 V,12 V,15 V,18 V,24 V 等多种,若要获得负输出电压只选 W79×× 系列即可。例如 W7805 输出 +5 V 电压,W7905 则输出 -5 V 电压。这类三端稳压器在加装散热器的情况下,输出电流可达 1.5~2.2 A,最高输入电压为 35 V,最小输入、输出电压差为 2~3 V,输出电压变化率为 0.1%~0.2%。

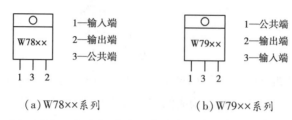

（a）W78××系列　　　　（b）W79××系列

图 6-24　W78××系列和 W79××系列稳压器的外形和管脚排列图

下面介绍几种应用电路。

（1）基本电路

图 6-25 所示为 W78××系列和 W79××系列三端稳压器基本接线图。

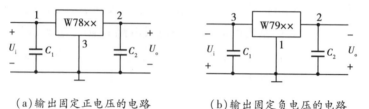

（a）输出固定正电压的电路　　　　（b）输出固定负电压的电路

图 6-25　三端稳压器的基本接线图

（2）提高输出电压的电路

图 6-26 所示电路输出电压 U_o 高于 W78××的固定输出电压 $U_o = U_{××} + U_Z$

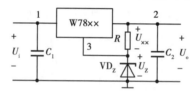

图 6-26　提高输出电压电路

（3）扩大输出电流的电路

当稳压电路所需输出电流大于 2 A 时，可通过外接三极管的方法来扩大输出电流，如图 6-27 所示。图中 I_3 为稳压器公共端电流，其值很小，可以忽略不计，则可得：

$$I_o = I_2 + I_C = I_2 + \beta I_B = I_2 + \beta(I_1 - I_R) \approx (1 + \beta)I_2 + \beta\frac{U_{BE}}{R}$$

式中　β——三极管的电流放大系数。

设 $\beta = 10, U_{BE} = -0.3$ V，$R = 0.5$ Ω，$I_2 = 1$ A，则可计算出 $I_o = 5$ A，可见 I_o 比 I_2 扩大了。

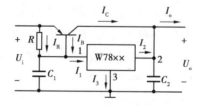

图 6-27　扩大输出电流的电路

电阻 R 的作用是使功率管在输出电流较大时才能导通。

（4）输出正、负电压的电路

将 W78×× 系列和 W79×× 系列稳压器组成如图 6-28 所示的电路，可输出正、负电压。

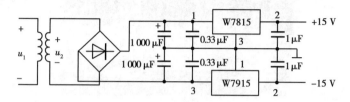

图 6-28　可输出正、负电压的电路

任务二　调试 LM317 可调稳压电源电路

▶任务描述

前面已经认识、组装了一套调试 LM317 可调稳压电源电路板。本任务将在此基础上通电调试该电路的功能，并理解可调稳压电源功能。

▶任务准备

按照分组，各小组讨论人员分工合作情况；然后各组准备组装 LM317 可调稳压电源电路所需的电路板、工具、资料等相关器材等，实训准备清单见表 6-6。

表 6-6　实训准备清单

准备名称	准备内容	准备情况	负责人
电路板	组装好的 LM317 可调稳压电源电路板等		
工具	万用表、变压器等		
资料	教材、任务书等		

▶任务实施

一、接入电源

先调试好变压器的输出 10 V 交流电压，然后在如图 6-29 所示组装好的电路板输入端接上变压器后接入 220 V 交流电源，电压可不分正负极。

二、调试电路

（一）引脚电位测试

①完成电路的连接并经检查无误后，方能在输入端接通 16 V 交流电源进行调试与测量。

a.万用表选择直流电压 50 V 挡，黑表笔接地（直流电源负端），红表笔接 LM317 的 3 脚，

图 6-29　组装好的 LM317 可调稳压电源电路板

将 3 脚的电位值记录于表 6-7 中。

b.万用表选择直流电压 10 V 挡,黑表笔接地(直流电源负端),红表笔接 LM317 的 1 脚,同时用螺丝刀调节电位器 RP 的电阻值,1 脚的电位应均匀地变化;将 1 脚的电位变化范围记录于表 6-7 中。

c.万用表选择直流电压 50 V 挡,黑表笔接地,红表笔接 LM317 的 2 脚,同时用螺丝刀调节电位器 RP 的电阻值,2 脚的电位应在 0~21 V 均匀地变化;将 2 脚的电位变化范围记录于表 6-7 中。

表 6-7　可调集成稳压电路测量记录

测试项目	测量值/V	输出电压/V
LM317 的 3 脚电位值		
LM317 的 1 脚电位变化值		
LM317 的 2 脚电位变化值		

（二）输出电压调节

调节 R_{P1},使其为表 6-8 中所对应的值时,测出输出电压 U_o,并填入表 6-8 中。

表 6-8　输出电压测量记录表

参　数	数　据						调节范围
$R_{P1}/k\Omega$	0	2	4	6	8	10	
U_o							

可调式三端集成稳压器在使用时应注意以下几点:

①整流电路输入的交流电压不能过高或过低。当市电电压波动出现高峰时,将使整流器出现高压脉冲,容易损坏集成稳压器;当市电电压波动出现最低值时,必须保证集成稳压

器的输入电压高于输出电压2~3 V,否则不能保证稳压器正常工作。

②可调式三端集成稳压器的引脚不能接错,同时要注意接地端不能悬空,否则容易损坏稳压器。

③可调式三端集成稳压器CW317在不加散热片时功耗仅能承受1 W左右,当加装散热片时功耗可承受20 W,因此需在集成稳压器上加装散热片,规格为200 mm×200 mm即可。

④当集成稳压器的输出电压大于25 V或输出端的滤波电容大于25 μF时,稳压器需外接保护二极管,以防止滤波电容放电,引起集成稳压器损坏。

▶任务评价

任务过程评价表见表6-9。

表6-9 任务过程评价表

序 号	评价要点	配分/分	得分/分	总 评
1	任务实训准备、知识准备充分	15		
2	能正确连接交流电电源	5		A(80分及以上) □
3	能正确焊接所有元件	5		B(70~79分) □
4	能正确测试及调节输出电压	48		C(60~69分) □
5	能进行稳压性能测试	12		D(59分及以下) □
6	小组合作、协调、沟通能力	5		
7	7S管理素养	10		

▶课后练习

(一)判断题

1.二极管具有单向导电特性。 ( )

2.二极管发生电击穿后,该二极管就坏了。 ( )

3.从二极管的伏安特性曲线可知,它的电压电流关系满足欧姆定律。 ( )

4.用机械式万用表判别二极管的极性时,若测的是二极管的正向电阻,那么与标有"+"号的测试笔相连的是二极管的正极,另一端是负极。 ( )

5.一般来说,硅二极管的死区电压小于锗二极管的死区电压。 ( )

6.在输入的交流电压相同的情况下,桥式整流的输出电压高于半波整流的输出电压,桥式整流的效率也高于半波整流。 ( )

7.三端固定式集成稳压器有输出正电压的78××系列和输出负电压的79××系列两大类。 ( )

8.CW78M12为国产的输出电压为-12 V,输出电流为0.5 A的三端稳压器。 ( )

9.LM7805为美国国家半导体公司生产的输出电压为5 V的三端稳压器,不管输入电压

是多少,它都能输出+5 V 的电压。 （　　）

10.开关式稳压电源效率高,可达 9% 以上。 （　　）

11.调宽式开关稳压电源中,其直流平均电压 U 取决于矩形脉冲的宽度,脉冲越宽,其直流平均电压值就越低。 （　　）

（二）选择题

1.如果二极管的正、反向电阻都很大,则该二极管（　　）。

A.正常　　　　　　　B.已经击穿　　　　　　C.内部断路

2.如果二极管的正、反向电阻都很小（或为 0）,则该二极管（　　）。

A.正常　　　　　　　B.已经击穿　　　　　　C.内部断路

3.交流电通过整流电路后,所得到的输出电压是（　　）。

A.交流电压　　　　　B.脉动直流电压　　　　C.平滑的直流电压

4.在单向桥式整流电路中,若变压器次级电压的有效值 $U_2 = 10$ V,则输出电压 U_o 为（　　）。

A.4.5 V　　　　　　　B.9 V　　　　　　　　C.10 V

（三）填空题

1.三端固定式集成稳压器有输出 _____ 电压的 78×× 系列和输出 _____ 电压的 79×× 系列两大类。

2.LM7912 为 _____ 公司生产,输出电压为 _____ V,输出电流为 _____ A 的三端稳压器。

3.CW317L 是国产民用品,输出 _____ 电压,电流大小为 _____ A。

4.开关式稳压电源按控制方式分为 _____ 式和 _____ 式两种。

5.开关电源中控制电路为脉冲宽度调制器,它主要由取样器、_____、振荡器、脉宽调制及基准电压等电路构成,用来调整高频开关元件的 _____,以达到稳定输出电压的目的。

（四）简答题

图 6-30 为三端可调电源电路,简述各元件的作用,并计算 U_1 为 40 V、R_2 为 24 Ω 时的输出电压。

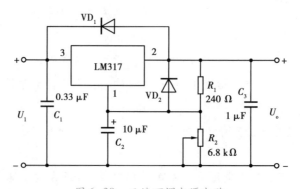

图 6-30　三端可调电源电路

项目七 声控旋律灯电路

▶项目目标

知识目标

1.知道三极管的管型、结构和符号。

2.知道构成放大电路的基本条件,会分析基本的放大电路,明白各元件的作用。

3.了解三极管的参数选用。

4.了解驻极体话筒的工作原理。

5.了解声控 LED 旋律灯的工作原理。

技能目标

1.能识别晶体三极管的管型和引脚。

2.能根据参数正确选用晶体三极管。

3.能正确组装 LED 旋律灯电路。

4.能调试 LED 旋律灯电路的功能。

情感目标

1.培养学生严谨的工作态度和精益求精的工匠精神。

2.培养学生的 7S 管理素养。

▶项目描述

LED 旋律灯是各种公众场合渲染气氛的一种辅助工具,它通过感受外界声音的变化而产生光强的变换,人身在其中自然而然地就能享受到光带给人的美感,因而广受人们的青睐。本 LED 旋律灯设计采用驻极体话筒作为声音传感器,通过模拟电子技术直接用三极管和电解电容等硬件实现 LED 灯的亮度控制,无须加入单片机之类的控制器,大大节约了成本,也不需要复杂的软件编程,并能很好地实现所要求的功能,真正达到了简单实用、成本较低的效果。

任务一　组装声控旋律灯电路

▶任务描述

随着现代生活水平的不断提高,人们越来越希望生活中的各种物质都能为我们所享受,声音与光就是其中的两种。本任务将以认识、组装简单声控旋律灯电路为基础,掌握各种电子元器件的作用。

▶任务准备

一、实训准备

按照分组,各小组讨论人员分工合作情况;然后各组准备组装声控旋律灯电路所需的元器件、工具、耗材、资料等,实训准备清单见表7-1。

表 7-1　实训准备清单

准备名称	准备内容	准备情况	负责人
元器件	声控旋律灯套件		
工具	万用表、电烙铁、斜口钳、镊子等		
耗材	导线、焊锡丝、松香等		
资料	教材、任务书等		

二、知识准备

人类为了从外界获取信息,必须借助于感觉器官。人类依靠这些感觉器官接受来自外界的刺激,再通过大脑分析判断,发出命令而动作。随着科学技术的发展和社会的进步,人类为了进一步认识自然和改造自然,只靠这些感觉器官就显得很不够了。于是,一系列代替、补充、延伸人的感觉器官功能的各种手段就应运而生,从而出现了各种用途的传感器。本任务的LED旋律灯设计使用的就是其中的声音传感器。声音传感器就如同人的耳朵一样能感受外界的声音,从而将收到的信息输入处理电路进行处理,以使执行机构执行相应的动作。

1.驻极体话筒的选择

本任务中声音传感器选择两个引脚的驻极体电容式话筒,如图7-1所示。驻极体电容式话筒具有体积小、结构简单、电声性能好、价格低的特点,广泛用于盒式录音机、无线话筒及声控等电路中,属于最常用的电容式话筒。由于输入和输出阻抗很高,所以要在这种话筒外壳内设置一个场效应管作为阻抗转换器,因此驻极体电容式话筒在工作时需要直流工作电压。

注意:驻极体话筒有正负极之分,与外壳相连的一极为负极。

2.三极管的选型

本任务选用 9014 三极管,如图 7-2 所示,它是 NPN 型小功率三极管。

图 7-1　驻极体电容式话筒

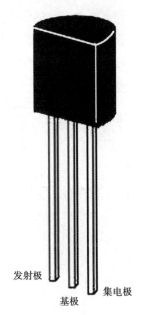

图 7-2　9014 三极管

①三极管的放大作用。

集电极电流受基极电流的控制,并且基极电流很小的变化,就会引起集电极电流很大的变化,且变化满足一定的比例关系:集电极电流的变化量是基极电流变化量的 β 倍,即电流变化被放大了 β 倍,所以把 β 称为三极管的放大倍数(β 一般远大于 1,例如几十、几百)。

②晶体管的参数是其性能的标志,是选用晶体管的依据。常用的主要参数有:

a.电流放大倍数 β;

b.穿透电流 I_{ceo};

c.集电极反向击穿电压 U_{ceo};

d.集电极最大允许电流 I_{cm};

e.集电极最大允许耗散功率 P_{cm}。

注意:上述 5 个参数中,β 和 I_{ceo} 是表征质量优劣的参数,U_{ceo}、I_{cm} 及 P_{cm} 是极限参数,使用时绝对不允许超过此参数值。

▶任务实施

一、认识声控旋律灯电路

1.认识电路功能

声控旋律灯的功能:驻极体话筒(声音传感器)检测到外界的声音变化后,使 LED 灯的亮度随着外界声音的大小变化而变化。将其放在喇叭旁,然后让音乐响起,可以看到 LED 灯随着音乐的节奏闪动,使人感受到音乐与灯光的美妙结合,从而得到更舒适的享受。

2.认识电路原理

声控旋律灯电路如图 7-3 所示。整个系统分为 4 个部分,电源驱动电路、声音信号检测电路、信号放大电路以及显示电路。电源驱动电路将+3 V 的直流电源输入系统中给系统供电,由声音信号检测电路检测到外界声音信号的变化后转换成电压信号,再输出到信号放大电路部分,最后将放大了的信号驱动后级负载,即 5 个 LED 灯显示。由于驻极体话筒受外界环境,如温度、湿度等的影响较小,故不需要加补偿电路。

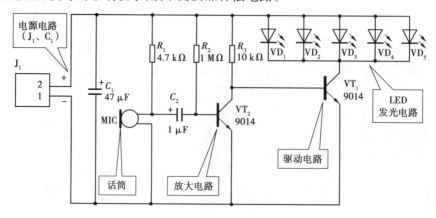

图 7-3　声控旋律灯电路图

二、识别与检测声控旋律灯元器件

1.识别元器件

按照表 7-2 仔细清点声控旋律灯电路元器件是否齐全、有无异常,"清点结果"栏正常的打"√",不正常的填写缺少、损坏等,并进行更换处理。

表 7-2　元器件清单

序　号	标　号	名　称	规格型号	数量/个	清点结果
1	R_1	直插色环电阻	4.7 kΩ	1	
2	R_2	直插色环电阻	1 MΩ	1	
3	R_3	直插色环电阻	10 kΩ	1	
4	C_1	电容	47 μF	1	
5	C_2	电容	1 μF	1	
6	LED	直插发光二极管	5 mm 红发红	5	
7	9014	三极管	V_1, V_2	2	
8	MIC	驻极体话筒	MK_1	1	
9	CON1	接线端	XH2.54　2P	1	
10	J1	电源线	XH2.54　单头	1	

2.检测元器件

按照表7-3对部分元器件进行检测,并将检测结果填入表中。

表7-3　检测元器件

元器件	识别及检测内容				
电阻器	名称	颜色环	标称值(含误差)	测量值	测量表型及挡位
	R_1				
	R_2				
	R_3				
驻极体电容	名称	外形图		灵敏度检测	测量表型及挡位
	MIC				
三极管	名称	面对平面引脚朝下画引脚极性图		极性	C,E 极间电阻
	VT_1				

三、组装声控旋律灯电路

对照声控旋律灯电路图7-3、元器件清单表7-2,将所有元器件准确无误地安装、焊接到如图7-4所示的电路板上。组装技术要求见表7-4。

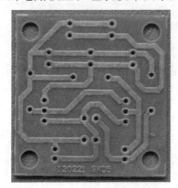

图7-4　组装前的声控旋律灯电路板

表7-4　组装技术要求

内　容	技术要求
元器件引脚	引脚加工尺寸、成形、修脚长度应符合装配工艺要求
元器件安装	元器件安装位置、极性正确;高度、字标方向符合工艺要求;安装牢固,排列整齐
焊点	焊点圆润、干净、无毛刺、大小适中;无漏、假、虚、连焊;焊盘不应脱落;无烫伤和划伤
工具使用和维护	电烙铁、斜口钳、万用表等的正确使用和维护
职业安全意识	工具摆放整齐;操作符合安全操作规程;遵守纪律,服从教师和实验室管理员管理;保持工位的整洁

▶任务评价

任务过程评价表见表7-5。

表7-5 任务过程评价表

序 号	评价要点	配分/分	得分/分	总 评
1	任务实训准备、知识准备充分	15		A(80 分及以上) □
2	能说出电路的功能原理	10		
3	能正确识别与检测元器件并完成表 7-2、表 7-3	30		B(70~79 分) □
4	能根据表 7-4 的要求完成电路板的组装	30		C(60~69 分) □
5	小组合作、协调、沟通能力	5		D(59 分及以下) □
6	7S 管理素养	10		

▶知识拓展

一、三极管的识别及检测

1.三极管的管型识别

万用表识别 NPN 型和 PNP 型三极管的步骤:

①将万用表调到 R×100(或 R×1K)挡。

②用黑表笔接触三极管的一根引脚,红表笔分别接触另两根引脚,测出一组(两个)阻值。

③黑表笔依次换接三极管其余两引脚,重复上述操作,又测得两组阻值。

④比较三组阻值,当某一组中的两个阻值基本相同时,黑表笔所接的引脚为该三极管的基极,若该组阻值为三组中最小,说明被测管是 NPN 型;若该组的两个阻值为最大,则说明被测管是 PNP 型。

2.三极管管脚极性的检测

三极管有基极、发射极、集电极,先确定三极管是 NPN 型还是 PNP 型,再确定哪一脚是基极。

用万用表测极性的步骤:

①把开关调到 hfe 的挡位,这是三极管放大倍数的专用挡位。

②根据三极管的型号,将三极管插到测三极管的插座,读出此时的放大倍数,然后将三极管反向插到插座里,再读出此时的放大倍数。

③比较两次测量的放大倍数,读数比较大的那个倍数可直接判断出三极管的极性。

任务二　调试声控旋律灯电路

▶任务描述

前面已经认识、组装了一套声控旋律灯的简单电路。本任务将在此基础上通电调试该电路的功能,并理解声控 LED 旋律灯的工作原理。

▶任务准备

一、实训准备

按照分组,各小组讨论人员分工合作情况;然后各组准备组装声控旋律灯电路所需的电路板、工具、资料等,实训准备清单见表 7-6。

表 7-6　实训准备清单

准备名称	准备内容	准备情况	负责人
电路板	组装好的声控旋律灯电路板		
工具	万用表、直流稳压电源等		
资料	教材、任务书等		

二、知识准备

1.放大电路选择

由于驻极体话筒的输出信号非常微弱,为方便后级电路处理要先行放大。

放大电路可以选择三极管放大,也可以选择运算放大器。三极管单管的放大效果对后级负载较重的情况不是很明显,这时候就需要多级放大,但其中的耦合问题还是比较困难的。而运算放大器则没有这个顾虑,但运算放大器的引脚较多,焊接难度稍大一些,且价格也高出三极管很多,本任务的后级电路简单,只有 5 个 LED 灯,最多只需要将驻极体话筒的输出电压放大到 3 V 即可,故选用三极管放大既经济又能满足要求。

2.声控旋律灯工作原理

该声控旋律灯电路由电源电路、声音传感器放大电路、LED 发光显示电路组成。

电源输入后经电解电容 C_1 滤波,提供给电路;声音传感器将声音信号转化为电压信号,经电解电容 C_2 耦合,再由 9014 型的三极管 VT_1 放大,再将放大后的信号送到 9014 型三极管 VT_2 的基极,控制其集电极的电压大小,从而达到控制加在 LED 灯上的电压的大小,进而控制其亮度。声音越大,LED 灯就越亮。

▶任务实施

一、接入电源

先调试好直流稳压电源使其输出 3 V 直流电压,然后在如图 7-5 所示组装好的电路板上接入 3 V 直流电源,注意电源正极接 VCC 端,负极接 GND 端。

图 7-5　完成组装的声控旋律灯电路板

二、调试电路

按照表 7-7 对声控 LED 旋律灯进行调试并实现其基本功能。

表 7-7　声控 LED 旋律灯调试过程

步　骤	调试过程
第一步	给 J_1 口接入 3~4.5 V 直流电源
第二步	在无外界音乐或声音信号的情况下,观察 5 只 LED 的状态,正常情况应该不会发光闪烁
第三步	用手机等播放音乐或人为发出声音,观察 5 只 LED 的状态,正常情况应该发光闪烁
第四步	若第二、三步不正常,需要对电路进行检查和维修后,重新调试,直至电路能正常工作

三、测量电路

①当无声音信号(同时不对 MIC 吹气)时,测量电阻 R_1 两端电压_____(增大或减小),VD_1 两端电压为_____V;当无声音信号(对 MIC 吹气)时,测量电阻 R_1 两端电压_____(增大或减小),VD_1 两端电压为_____V。

②测量三极管各极电压填入表 7-8 中。

表 7-8 三极管各极电压测量表

测量对象及内容		V_c	V_b	V_e	工作状态（放大、导通、截止）
灯不亮时	VT$_1$				
	VT$_2$				
灯亮时	VT$_1$				
	VT$_2$				

▶任务评价

任务过程评价表见表 7-9。

表 7-9 任务过程评价表

序 号	评价要点	配分/分	得分/分	总 评
1	任务实训准备、知识准备充分	15		
2	能正确调试直流稳压电源并输出 3 V 直流电压	5		A（80 分及以上） □
3	能给电路板正确接入 3 V 直流电压	5		B（70~79 分） □
4	能正确调试电路功能状态并完成表 7-8	48		C（60~69 分） □
5	能分析测量电路的数据	12		D（59 分及以下） □
6	小组合作、协调、沟通能力	5		
7	7S 管理素养	10		

▶知识拓展

1.三极管基本放大电路

三极管基本放大电路如图 7-6 所示。

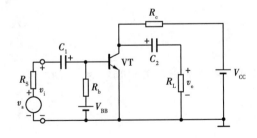

图 7-6 三极管基本放大电路

电路中各器件的作用如下。

①VT:放大管,起电流放大作用。

②V_{BB}:基极偏置电源,为发射极提供正向偏压。

③R_b:基极偏置电阻。一般是几十千欧至几百千欧。

④V_{CC}:集电极直流电源,为集电极提供反向偏压。

⑤R_c:集电极电阻。一般是几百欧至几千欧。

⑥C_1,C_2:输入和输出耦合电容。

⑦R_L:负载电阻。

⑧v_s:信号源电压。

⑨R_s:信号源内阻。

2.放大原理

v_i 的变化将产生基极电流 i_b 的变化,使基极总电流发生变化,集电极电流 i_c 将在集电极电阻上产生压降,使放大器的集电极电压 $v_{ce}=V_{CC}-i_cR_c$ 随之变化。通过 C_2 耦合,隔断直流,输出信号电压 v_o 也随之变化。只要电路参数能使三极管工作在放大区,则 v_o 的变化幅度将比 v_i 的变化幅度大很多倍。

▶课后练习

一、知识练习

(一)填空题

1.已知三极管的集电极电流为 2 mA,基级电流为 0.05 mA,则三极管的发射极电流为＿＿＿＿＿＿,如果某三极管基极电流为 20 μA,集电极电流为 1 mA,则三极管的发射极电流为＿＿＿＿＿＿。

2.已知三极管的电流放大倍数为 60,基极电流为 50 μA,则其集电极电流为＿＿＿＿＿＿,发射极电流为＿＿＿＿＿＿。

(二)简答题

1.可否用两个二极管组合构成一个三极管? 为什么?

2.三极管的集电极 C 和发射极 E 能不能对调? 为什么?

二、技能练习

用声光控延时开关代替住宅小区楼道上的开关,只有在天黑以后,当有人走过楼梯通道,发出脚步声或其他声音时,楼道灯才会自动点亮,提供照明;当人们进入家门或走出公寓,楼道灯延时几分钟后会自动熄灭。在白天,即使有声音,楼道灯也不会亮,可以达到节能的目的。声光控延时开关不仅适用于住宅区的楼道,而且也适用于工厂、办公楼、教学楼等公共场所,它具有体积小、外形美观、制作容易、工作可靠等优点,适合广大电子爱好者自制。请你在网上购买套件并安装调试完成声光控延时开关。

项目八 带前置的音频功放电路

▶ 项目目标

知识目标

1.了解集成运算放大器(简称集成运放)的结构组成及特性指标,了解常见集成运放的种类、引脚特性。

2.了解集成运放的"虚短"和"虚地"的概念,了解集成运放应用电路的分析与基本计算。

3.掌握反馈的定义、分类及判别方法,重点掌握各种反馈类型对放大电路静态性能和动态性能的影响。

4.了解音频功放电路的功能原理。

技能目标

1.能制作音频放大电路,学会对电路所出现的故障进行原因分析及排除。

2.能正确组装音频放大器电路。

3.能调试音频放大器电路的功能。

情感目标

1.培养学生严谨的工作态度和精益求精的工匠精神。

2.培养学生的 7S 管理素养。

▶ 项目描述

功率放大器在家电、数码产品中的应用越来越广泛,与我们日常生活有着密切关系。随着生活水平的提高,人们越来越注重视觉、音质的享受。在大多数情况下,增强系统性能,如更好的声音效果,是促使消费者购买产品的一个重要因素。功率放大器将音频信号进行功率放大以推动负载工作,获得良好的声音。

任务一 组装音频功放电路

▶ 任务描述

功率放大器随着科技的进步是不断发展的,从最初的电子管功率放大器到现在的集成功率放大器,其经历了几个不同的发展阶段:电子管功放、晶体管功放、集成功放。功放按不同的分类方法可分为不同的类型,按所用的放大器件分类,可分为电子管式功率放大器、晶体管式功率放大器(包括场效应管功率放大器)和集成电路式功率放大器(包括厚膜集成功率放大器),目前以晶体管式和集成电路式功率放大器为主,电子管式功率放大器也占有一席之地。本任务将以认识、组装简单带前置的音频功放电路为基础,认识运放、功放电路。

▶任务准备

一、实训准备

按照分组,各小组讨论人员分工合作情况;然后各组准备组装音频功放电路所需的元器件、工具、耗材、资料等,实训准备清单见表8-1。

表8-1 实训准备清单

准备名称	准备内容	准备情况	负责人
元器件	音频功放套件		
工具	万用表、电烙铁、斜口钳、镊子、示波器、函数信号发生器等		
耗材	导线、焊锡丝、松香等		
资料	教材、任务书等		

二、知识准备

音频放大器是音响系统中的重要组成部分,它的主要作用是对各种音源设备送来的微弱音频信号进行放大,并进行控制、加工和处理,使其达到一定的功率去推动扬声器或者音箱发出声音。音频放大器一般包含前置放大器和功率放大器两部分。

1.音频放大器的分类

①按结构分为前后级分体式放大器、合并式放大器。

②按所用器材分为晶体管放大器、电子管放大器、集成电路放大器。

③按电路的工作状态分为甲类放大器、乙类放大器、甲乙类放大器。

2.TDA2822

TDA2822是意法半导体(ST)开发的双通道单片功率放大集成电路,通常在袖珍式盒式放音机(WALKMAN)、收录机和多媒体有源音箱中作音频放大器,其具有电路简单、音质好、电压范围宽等特点,可工作于立体声以及桥式放大(BTL)的电路形式下。一般的集成功放电路外围元件较多且需要较大的散热器。TDA2822集成功放电路常用在随身听、便携式的DVD等音频设备上,功率不是很大但可以满足人们的听觉要求,是业余制作小功放的较佳选择。

TDA2822芯片的特点:电源电压范围宽(1.8～15 V),电源电压低至1.8 V时仍能工作;静态电流小,交越失真也小;适用于单声道桥式(BTL)或立体声线路两种工作状态;采用双列直插 8 脚塑料封装(DIP-8)和贴片式(SOP-8)封装。TDA2822 芯片实物如图 8-1 所示。

图 8-1　TDA2822 芯片

3.LM358 前置放大器

LM358 前置放大器内部包括两个独立的、高增益、内部频率补偿的双运算放大器,适用于电源电压范围很宽的单电源使用,也适用于双电源工作模式,在推荐的工作条件下,电源电流与电源电压无关。它的使用范围包括传感放大器、直流增益模块和其他所有可用单电源供电的使用运算放大器的场合,LM358 芯片的引脚排列如图 8-2 所示。

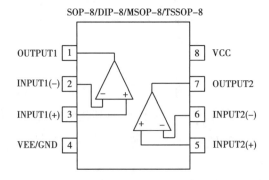

图 8-2　LM358 芯片的引脚排列

▶任务实施

一、认识音频功放电路

1.认识电路功能

本任务主要通过输入信号源,在一级电路将音频信号的电压放大后,传给二级电路进行音频信号的功率放大,最后通过扬声器输出。

2.认识电路原理

音频功放电路如图 8-3 所示。

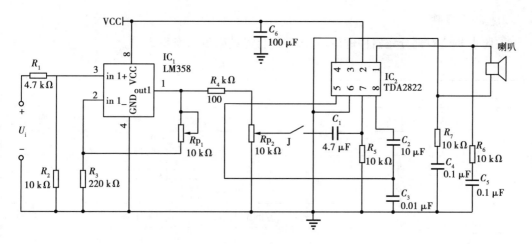

图 8-3 音频功放电路图

二、识别与检测音频功放电路元器件

1.识别元器件

按照表8-2仔细清点音频功放电路元器件是否齐全、有无异常,"清点结果"栏正常的打"√",不正常的填写缺少、损坏等,并进行更换处理。

表 8-2 元器件清单

序 号	标 号	名 称	规格型号	数量/个	清点结果
1	IC_1	前置放大器	LM358	1	
2	IC_2	功率放大器	TDA2822	1	
3	C_1	电容	4.7 μF	1	
4	C_2	电容	10 μF	1	
5	C_3	电容	0.01 μF	1	
6	C_4,C_5	电容	0.1 μF	2	
7	C_6	电容	100 μF	1	
8	R_1	电阻	4.7 kΩ	1	
9	R_2,R_5,R_6,R_7	电阻	10 kΩ	4	
10	R_3	电阻	220 kΩ	1	
11	R_4	电阻	100 kΩ	1	
12	Rp_1	电位器	10 kΩ	1	
13	Rp_2	电位器	10 kΩ	1	

2.检测元器件

按照表8-2对部分元器件进行检测,并将检测结果填入表8-3中。

表8-3 检测元器件

元器件	识别及检测内容				
	名称	颜色环	标称值(含误差)	测量值	测量表型及挡位
电阻器	R_1				
	R_3				
	R_4				
电容器	C_1	测量电容的漏电阻值		判断电容的质量	画出电容的符号
集成电路	名称	画平面引脚分布图		电源引脚	接地引脚
	IC_1				
	IC_2				

三、组装音频功放电路

对照音频功放电路图8-3、元器件清单表8-2,将所有元器件准确无误地安装、焊接到如图8-4所示的电路板上。组装技术要求见表8-4。

图8-4 组装音频功放电路板

表8-4 组装技术要求

内 容	技术要求
元器件引脚	引脚加工尺寸、成形、修脚长度应符合装配工艺要求
元器件安装	元器件安装位置、极性正确;高度、字标方向符合工艺要求;安装牢固,排列整齐
焊点	焊点圆润、干净、无毛刺,大小适中;无漏、假、虚、连焊;焊盘不应脱落;无烫伤和划伤

续表

内　容	技术要求
工具使用和维护	电烙铁、斜口钳、万用表等的正确使用和维护
职业安全意识	工具摆放整齐;操作符合安全操作规程;遵守纪律,服从教师和实验室管理员管理;保持工位的整洁

▶任务评价

任务过程评价表见表8-5。

表8-5　任务过程评价表

序　号	评价要点	配分/分	得分/分	总　评
1	任务实训准备、知识准备充分	15		
2	能说出电路的功能原理	10		A(80分及以上)　□
3	能正确识别与检测元器件并完成表8-2、表8-3	30		B(70~79分)　□
4	能根据表8-4的要求完成电路板的组装	30		C(60~69分)　□
5	小组合作、协调、沟通能力	5		D(59分及以下)　□
6	7S管理素养	10		

▶知识拓展

一、零点漂移

1.概念

零点漂移是指在输入端短路时,输出电压偏离起始值,简称零漂。

①第一级零漂所产生的作用最显著,因为它受到后面各级放大器放大。要减小零漂必须着重解决第一级。

②放大器的总的放大倍数越高,输出电压的漂移越严重。

2.表示方法

输入零漂:把输出端零点漂移电压除以放大器放大倍数,得到的数就是等效到输入端的零点漂移电压,简称输入零漂。

输入零漂确定了直流放大电路正常工作时,所能放大的有用信号的最小值。

3.抑制零漂的措施

①选用稳定性能好的硅三极管作放大管。

②采用单级或级间负反馈来稳定工作点,以减小零漂。

③采用直流稳压电源,减小由于电源电压波动所引起的零漂。

④采用差分放大电路抑制零漂。

二、理想运放分析要点

①理想运放两输入端电位相等,即 $U_P = U_N$,P 点和 N 点相当于"短路",但电路内部并未真正短路,这种现象称为"虚短"。

②理想运放的输入电流为零,即 $I_P = I_N = 0$,相当于输入端"断路",但并未真正断开,所以称为"虚断"。

任务二　调试音频功放电路

▶任务描述

根据任务要求,设计总电路主要需要弱信号前置放大级电路和功率放大电路两个基本电路,其中前置级主要完成小信号的电压放大任务;功率放大级则实现对信号的电压和电流放大任务。直流稳压源则是为整个运放提供能量。本任务将在此基础上通电调试该电路的功能,并理解放大电路的功能。

▶任务准备

一、实训准备

按照分组,各小组讨论人员分工合作情况;然后各组准备组装音频功效电路所需的电路板、工具、资料等,实训准备清单见表8-6。

表8-6　实训准备清单

准备名称	准备内容	准备情况	负责人
电路板	组装好的音频功放电路板		
工具	万用表、直流稳压电源、示波器、函数信号发生器等		
资料	教材、任务书等		

二、知识准备

1.函数信号发生器的使用

①熟悉函数信号发生器的面板设置,了解按键功能、菜单功能,以及不同参数的意义。

②掌握使用方法。

a.能正确选择所需要的信号波形(正弦波、方波以及脉冲信号等任意波)。

b.能正确调节信号的幅度和频率。

c.对于复杂信号,了解信号参数的意义,并能熟练调节。比如:脉冲信号的占空比;AM

信号的调制深度,载波信号的频率,调制信号的波形、占空比等。

2.示波器的使用

①熟悉示波器的面板设置,了解按键功能、菜单功能,以及不同参数的意义。

②能用示波器正确测量交流电或脉冲电流波的形状。

▶任务实施

一、接入电源

检查元器件安装正确无误后,才可以接通电源。测量时,先连线后接通电源;拆线、改线或检修时一定要先关闭电源;电源线不能接错,否则将可能损坏元器件。先调试好然后在如图 8-5 所示组装好的电路板上接入直流电源。

图 8-5 组装好的音频功放电路板

二、调试电路

1.音频前置放大器参数的测量

①电路连接按如图 8-6 所示,把函数信号发生器置于正弦波输出端,输出探头接至电阻 R_1 上,作为前置放大器的输入电源 u_i,示波器接至测试点 TP 点。

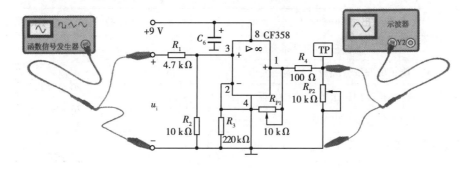

图 8-6 音频前置放大器测量示意图

②输入信号,输入 1 kHz、20 mV 的正弦波电压信号。

③参数测量接上 9 V 直流电源,用示波器观察 TP 端波形。调节 R_{p1},使输出波形为最大不失真,用万用表测量 LM358 芯片各引脚的电压,将测量结果填入表 8-7 中。

2.功率放大器的测量

按图 8-7 所示的电路接入,把函数信号发生器置于正弦波输出端,输出探头接至电容 C_1 作为功放输入电压 u_i,输入信号,输入 1 kHz、10 mV 的正弦波电压信号,将直流电源的 9 V 电压接入电路,用示波器观察输出波形,用万用表测量 TDA2822 芯片各引脚的电压,将测量结果填入表 8-7 中。

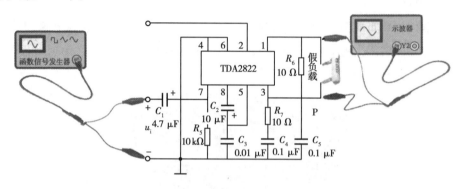

图 8-7 功率放大器测量示意图

表 8-7 前置放大器与功率放大器的测量值

测试项目	前置放大器的测量					功率放大器的测量						
	LM358 引脚号					TDA2822 引脚号						
电压	1	2	3	4	8	1	2	3	4	5	7	8

▶任务评价

任务过程评价表见表 8-8。

表 8-8 任务过程评价表

序号	评价要点	配分/分	得分/分	总 评
1	任务实训准备、知识准备充分	15		
2	能正确调试音频放大器输出波形	5		A(80 分及以上) □
3	能正确使用函数信号发生器	5		B(70~79 分) □
4	调试电路功能状态测量出 LM358 电压并完成表 8-7	25		C(60~69 分) □
5	调试电路功能状态测量出 TDA2822 电压并完成表 8-7	35		D(59 分及以下) □
6	小组合作、协调、沟通能力	5		
7	7S 管理素养	10		

▶知识拓展

(1)功率放大器的特点:工作在大信号状态下,输出电压和输出电流都很大。要求在允许的失真条件下,尽可能提高输出功率和效率。

(2)互补对称功率放大器的几种主要结构:

OCL(双电源)——乙类

甲乙类。

OTL(单电源)——乙类

甲乙类。

(3)OCL 和 OTL 两种功放电路的效率很高,但是它们的缺点是电源的利用率不高,在每半个信号周期中,电路只有一个晶体管和一个电源在工作。为了提高电源的利用率,也就是在较低电源电压作用下,使负载获得较大的输出功率,一般采用平衡式无输出变压器电路,又称为 BTL 电路。

(4)随着半导体工艺、技术的不断发展,输出功率几十瓦以上的集成放大器已经得到了广泛的应用。功率 VMOS 管的出现,也给功率放大器的发展带来了新的生机。

▶课后练习

一、知识练习

1.功率放大器的作用是什么? 它有哪些要求?

2.根据功放管的工作状态,功率放大器分为哪几类? 各有什么特点?

二、技能练习

红外线报警器分主动式和被动式两种。主动式红外线报警器,是报警器主动发出红外线,红外线碰到障碍物,就会反弹回来,被报警器的探头接收。如果探头监测到红外线是静止不动的,也就是不断发出红外线又不断反弹的,那么报警器就不会报警。当有会动的物体触犯了这根看不见的红线的时候,探头就会检测到有异常,便会报警。请你在网上购买套件并安装调试完成红外线报警器。

数字电子电路

数字电路或数字集成电路是由许多逻辑门组成的复杂电路。与模拟电路相比,它主要是进行数字信号的处理(即信号以 0 与 1 两个状态表示),因此抗干扰能力较强。数字集成电路有各种门电路、触发器以及由它们构成的各种组合逻辑电路和时序逻辑电路。一个数字系统一般由控制部件和运算部件组成,在时脉的驱动下,控制部件控制运算部件完成所要执行的动作。通过模拟数字转换器、数字模拟转换器,数字电路可以和模拟电路互相连接。

项目九 三人表决器电路

►项目目标

知识目标

1.理解数制及其相互间转换的方法。

2.了解码制。

3.掌握基本逻辑门电路的功能。

4.掌握集成逻辑门电路的类型。

5.理解逻辑代数运算法则。

6.理解三人表决器电路的功能原理。

技能目标

1.能认识并画出常见逻辑门电路的符号。

2.能识别与检测三人表决器电路的元器件。

3.能正确组装三人表决器电路。

4.能调试三人表决器电路的功能。

情感目标

1.培养学生严谨的工作态度和精益求精的工匠精神。

2.培养学生的7S管理素养。

►项目描述

我们在欣赏娱乐类节目的同时有很多值得学习的知识。图9-1为"中国达人秀"节目表决现场,三位评委通过自己的选择器表决选手的节目没有成功晋级。那么这一套表决器是如何实现表决功能的呢?本项目将以认识、组装、调试三人表决器电路为基础,走进数字电子电路的世界。

图 9-1 "中国达人秀"节目表决现场

任务一 组装三人表决器电路

▶任务描述

"中国达人秀"娱乐节目的表决器,可以采用数字电路中的基础逻辑门电路来制作一套三人表决器电路实现其功能。本任务将以认识、组装简单的三人表决器电路为基础,认识逻辑门电路。

▶任务准备

一、实训准备

按照分组,各小组讨论人员分工合作情况;然后各组准备组装三人表决器电路所需的元器件、工具、耗材、资料等,实训准备清单见表 9-1。

表 9-1 实训准备清单

准备名称	准备内容	准备情况	负责人
元器件	三人表决器套件		
工具	万用表、电烙铁、斜口钳、镊子等		
耗材	导线、焊锡丝、松香等		
资料	教材、任务书等		

二、知识准备

数字信号是指在时间和数值上间断、离散变化的信号,通常用 0 和 1 两个符号表示。实现数字信号的产生、变换、传输、编码、存储、计数、控制、运算等功能的电路称为数字电路。数字电路研究输入(条件)与输出(结果)之间的因果关系,又称逻辑关系。通常规定高电平

$(3 \sim 5 \text{ V})$ 为逻辑 1,低电平$(0 \sim 0.4 \text{ V})$为逻辑 0。数字电路以其电路简单、稳定、信号传输失真小、抗干扰性强等特点,广泛应用于计算机、数字通信、自动控制、数字仪器及家用电器等领域。

1.基本逻辑门电路

数字电路的基本部分是由半导体元件等组成的各种开关电路,又称门电路。门电路的输入与输出之间有一定的逻辑关系,因此又把门电路称为逻辑门电路。基本逻辑门电路有:与门、或门、非门;复合逻辑门电路有:与非门、或非门、与或非门、异或门等。基本逻辑门电路符号见表 9-2。

表 9-2　基本逻辑门电路符号

门电路	电路符号	门电路	电路符号	门电路	电路符号
与门	A B — & — Y	或门	A B — ≥1 — Y	非门	A B — 1 — Y

2.集成逻辑门电路

将分离元器件构成的门电路和连线,采用集成化工艺集成在一块面积很小的半导体基片上,就构成了数字集成逻辑门电路,简称数字集成电路。根据数字集成电路中集成门电路或元器件数量不同,可将数字集成电路分为小规模、中规模、大规模、超大规模、特大规模集成电路,具体集成数量见表 9-3。根据数字集成电路内部元器件不同,可分成 TTL 电路和 CMOS 电路两大系列,其具体特点见表 9-4。

表 9-3　集成电路分类

集成电路名称	集成门电路数量	集成元器件数量
小规模集成电路(SSI)	10 个以内	10 个以内
中规模集成电路(MSI)	10~100 个	100~1 000 个
大规模集成电路(LSI)	100 个以上	100~10 000 个
超大规模集成电路(VLSI)	1 万个以上	100 000~1 000 000 个
特大规模集成电路(ULSI)	10 万个以上	1 000 000~10 000 000 个

表 9-4　集成电路特点

集成电路名称	内部元器件	工作电压范围	功耗	适用电路
TTL	三极管型	4.75~5.25 V	较高	高频电路(1 MHz 以上)
CMOS	场效应管型	4.75~18 V	较低	低频电路

（1）集成与门（74LS08）

74LS08 内部包含有四个与门，每个与门有两个输入端和一个输出端。其实物外形和引脚结构如图 9-2 所示。

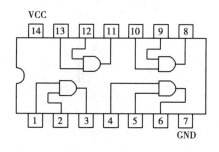

（a）实物外形　　　　　　　　（b）引脚结构

图 9-2　74LS08

（2）集成或门（CD4075）

CD4075 实物外形和引脚结构如图 9-3 所示。

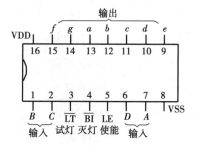

（a）实物外形　　　　　　　　（b）引脚结构

图 9-3　CD4075

▶任务实施

一、认识三人表决器电路

1.认识电路功能

三人表决器功能为少数服从多数的原则，按下按键表示同意，否则为不同意，当两个或者两个以上被按下则表示表决通过，相反为不通过。

2.认识电路原理

三人表决器电路如图 9-4 所示，其主要由与门集成电路 72LS08 和或门集成电路 CD4075 组成。三个按键 S_1，S_2，S_3 发出表决信号后，通过 U1A，U1B，U1C 三组与门电路运算后，再送入 U2A 或门电路运算后输出信号，控制 LED 灯的亮灭和蜂鸣器是否发声，从而指示是否表决通过。

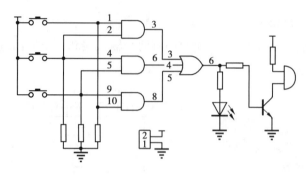

图 9-4　三人表决器电路图

二、识别与检测三人表决器元器件

1.识别元器件

按照表 9-5 仔细清点三人表决器电路元器件是否齐全、有无异常,"清点结果"栏正常的打"√",不正常的填写缺少、损坏等,并进行更换处理。

表 9-5　清点元器件清单

序号	标号	名称	规格型号	数量/个	清点结果
1	R_1,R_2,R_3,R_4	直插色环电阻	1 kΩ	4	
2	R_5	直插色环电阻	2 kΩ	1	
3	R_6	直插色环电阻	270	1	
4	S_1,S_2,S_3	轻触按键	6×6×5	3	
5	B	直插蜂鸣器	有源	1	
6	LED	直插发光二极管	5 mm 红发红	1	
7	IC_1	直插集成电路	74LS08	1	
8	IC_2	直插集成电路	CD4075	1	
9		IC 座	14P	2	
10	VT	直插三极管	8050	1	

2.检测元器件

按照表 9-6 对部分元器件进行检测,并将检测结果填入表中。

表 9-6　检测元器件

元器件	识别及检测内容				
	名称	颜色环	标称值(含误差)	测量值	测量表型及挡位
电阻器	R_1				
	R_5				
	R_6				

元器件	识别及检测内容			
蜂鸣器	名称	画外形图	两端电阻阻值	测量表型及挡位
	B			
二极管	名称	画外形图标出引脚极性	正向电压	导通电压
	LED			
三极管	名称	面对平面引脚朝下画引脚极性图	极性	C,E极间电阻
	VT			
集成电路	名称	画平面引脚分布图	电源引脚	接地引脚
	U_1			
	U_2			

三、组装三人表决器电路

对照三人表决器电路图9-4、元器件清单表9-5,将所有元器件准确无误地安装、焊接到如图9-5所示的电路板上。组装技术要求见表9-7。

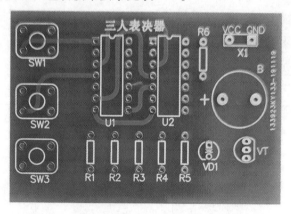

图9-5　组装前的三人表决器电路板

表9-7　组装技术要求

内　容	技术要求
元器件引脚	引脚加工尺寸、成形、修脚长度应符合装配工艺要求
元器件安装	元器件安装位置、极性正确;高度、字标方向符合工艺要求;安装牢固,排列整齐
焊点	焊点圆润、干净、无毛刺,大小适中;无漏、假、虚、连焊;焊盘不应脱落;无烫伤和划伤
工具使用和维护	电烙铁、斜口钳、万用表的正确使用和维护
职业安全意识	工具摆放整齐;操作符合安全操作规程;遵守纪律,服从教师和实验室管理员管理;保持工位的整洁

▶任务评价

任务过程评价表见表9-8。

表9-8　任务过程评价表

序　　号	评价要点	配分/分	得分/分	总　　评
1	任务实训准备、知识准备充分	15		A(80分及以上)　□
2	能说出电路的功能原理	10		
3	能正确识别与检测元器件并完成表9-5、表9-6	30		B(70~79分)　　□
4	能根据表9-7的要求完成电路板的组装	30		C(60~69分)　　□
5	小组合作、协调、沟通能力	5		D(59分及以下)　□
6	7S管理素养	10		

▶知识拓展

一、数制

1.常用数制

数制就是计数的方法。按进位方法的不同,有十进制、二进制和十六进制等计数方法等。具体数制见表9-9。

表9-9　十、二、十六进制对照表

数　　制	表示符号	进位关系	表示方法	数学公式(位权相加法)	应用举例
十进制	0,1,2,3,4, 5,6,7,8,9	逢十进一	10或D	$(M)_{10}=k_n\times10^{n-1}+k_{n-1}\times10^{n-2}+k_{n-2}\times10^{n-3}$ $+\cdots$ 式中,$(M)_{10}$表示十进制数,n是总位数,k_n是第n位数码	$(4321)_D=4\times$ $10^3+3\times10^2+$ $2\times10^1+1$ $\times10^0$
二进制	0,1	逢二进一	2或B	$(M)_2=k_n\times2^{n-1}+k_{n-1}\times2^{n-2}+k_{n-2}\times2^{n-3}+\cdots$	$(1011)_B=1\times$ $2^3+0\times2^2+1\times$ $2^1+1\times2^0$
十六进制	0~9,$A,B,C,$ D,E,F	逢十六进一	16或H	$(M)_{16}=k_n\times16^{n-1}+k_{n-1}\times16^{n-2}+k_{n-2}\times$ $16^{n-3}+\cdots$	$(15F)_H=1\times$ $16^2+5\times16^1+$ 15×16^0

2.数制之间的转换方法

(1)二进制、十六进制转换为十进制

方法:位权相加法,即按位权展开,将各位结果相加,即可得到对应的十进制数。

例:将二进制数$(11010)_2$转换为十进制数;将十六进制数$(174)_{16}$转换为十进制数。

$$(11010)_2 = 1×2^4+1×2^3+0×2^2+1×2^1+0×2^0$$
$$= 2^4+2^3+0+2^1+0$$
$$= (26)_{10}$$

$$(174)_{16} = 1×16^2+7×16^1+4×16^0$$
$$= 256+112+4$$
$$= (372)_{10}$$

(2)十进制转换为二进制、十六进制

方法:除基取余倒计法,即将十进制数不断地除以 2 或 16,直到商为零,然后把全部余数按相反的次序排列起来。

例:将十进制数$(19)_{10}$转化为二进制数。

```
2 | 19    …………… 余1    ↑
2 | 9     …………… 余1    |
2 | 4     …………… 余0    | 读数方向
2 | 2     …………… 余0    |
2 | 1     …………… 余1    |
    0
```

所以 $(19)_{10} = (10011)_2$

(3)二进制转换为十六进制

方法:将二进制整数自右向左每 4 位分为一组,最后不足 4 位的,高位用零补足,再把每 4 位二进制数对应的十六进制数写出即可。

例:将二进制数$(11010110101)_2$转换为十六进制数。

二进制数   0110 1011 0101

十六进制数   6   *B*   5

所以 $(11010110101)_2 = (6B5)_{16}$

(4)十六进制转换为二进制

方法:将十六进制数用 4 位二进制数表示,然后按十六进制数的排序将这些 4 位二进制数排列好,就可得到相应的二进制数。

例:将十六进制数 4*E*6 转化为二进制数。

十六进制数   4   *E*   6

二进制数   100   1110   110

所以 $(4E6)_{16} = (1001110110)_2$

二、码制

在数字电路中,用一定位数的二进制数码表示不同的事物或信息,这些数码称为代码;

编制代码时所遵循的规则称为码制。人们习惯用十进制数,于是就产生了一种用 4 位二进制数来表示 1 位十进制的码制,简称为 BCD 码。常用的 BCD 码有:8421 码、5421 码、余 3 码等。

8421BCD 码的编码规则是每位的权从左至右依次是 8、4、2、1,属于有权码。4 位二进制代码有 16 种不同的代码,但在 8421BCD 码中,后 6 种被称为伪码,一般不使用。8421BCD 码对应不同的数字见表 9-10。

表 9-10　8421BCD 码

8421BCD 码	十进制数	二进制数	十六进制数
0000	0	0000	0
0001	1	0001	1
0010	2	0010	2
0011	3	0011	3
0100	4	0100	4
0101	5	0101	5
0110	6	0110	6
0111	7	0111	7
1000	8	1000	8
1001	9	1001	9
1010	A	1010	A
1011	B	1011	B
1100	C	1100	C
1101	D	1101	D
1110	E	1110	E
1111	F	1111	F

三、复合逻辑门电路

将与、或、非三种基本逻辑门电路相互组合成较为复杂的逻辑门电路,称为复合逻辑门电路。常用的复合逻辑门电路见表 9-11。

表 9-11　常用的复合逻辑门电路

逻辑关系	与非	或非	异或
图形符号	A B —[&]— Y	A B —[≥1]— Y	A B —[=1]— Y

任务二　调试三人表决器电路

▶**任务描述**

前面已经认识、组装了一套类似"中国达人秀"娱乐节目表决器的简单三人表决器电路板。本任务将在此基础上通电调试该电路的功能,并理解基础逻辑门电路的功能。

▶**任务准备**

一、实训准备

按照分组,各小组讨论人员分工合作情况;然后各组准备组装三人表决器电路所需的电路板、工具、资料等,实训准备清单见表9-12。

表9-12　实训准备清单

准备名称	准备内容	准备情况	负责人
电路板	组装好的三人表决器电路板		
工具	万用表、直流稳压电源等		
资料	教材、任务书等		

二、知识准备

1.基本逻辑关系

与逻辑、或逻辑、非逻辑三种基本逻辑关系如图9-6所示。图9-6(a)与逻辑关系为开关A、B同时闭合,灯才会亮。图9-6(b)或逻辑关系为只要开关A、B任意一个闭合,灯都会亮。图9-6(c)非逻辑关系为开关A闭合,灯不亮,开关A断开,灯亮。

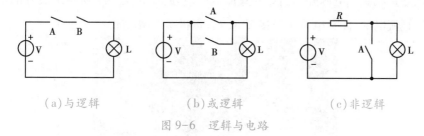

(a)与逻辑　　　　　　(b)或逻辑　　　　　　(c)非逻辑

图9-6　逻辑与电路

2.基本逻辑门电路功能

实现与逻辑、或逻辑、非逻辑三种基本逻辑关系的电路分别称为与门电路、或门电路、非门电路。每种门电路的功能见表9-13。

表 9-13　基本逻辑门电路功能

门电路	逻辑表达式	二极管与门电路	真值表	逻辑运算规则
与门	$Y=A\cdot B$	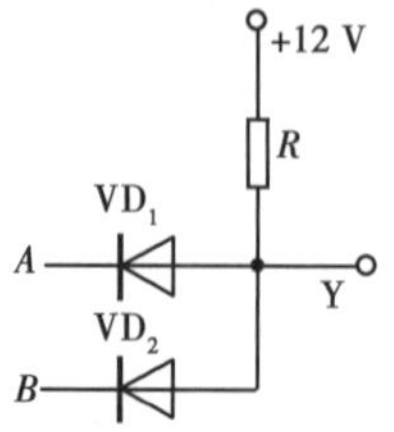+12 V R VD_1 A Y VD_2 B	A B Y 0 0 0 0 1 0 1 0 0 1 1 1	有 0 出 0 全 1 出 1
或门	$Y=A+B$	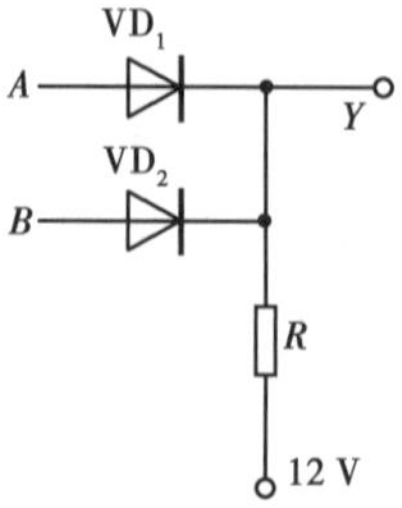VD_1 A Y VD_2 B R 12 V	A B Y 0 0 0 0 1 1 1 0 1 1 1 1	有 1 出 1 全 0 出 0
非门	$Y=\overline{A}$	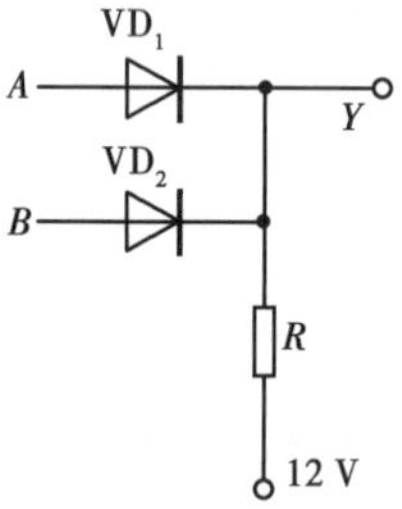VD_1 A Y VD_2 B R 12 V	A Y 0 1 1 0	有 0 出 1 有 1 出 0

▶任务实施

一、接入电源

先调试好直流稳压电源并输出 5 V 直流电压，然后在如图 9-7 所示组装好的电路板 X1 处接入 5 V 直流电源，注意电源正极接 VCC 端，负极接 GND 端。

SW1
SW2
SW3
U1
U2
R1
R2
R3
R4
R5
R6
VD1
VCC GND
X1

图 9-7　组装好的三人表决器电路板

二、调试电路

①当 SW$_1$,SW$_2$,SW$_3$ 三个按钮开关均断开时,测量三极管 VT$_1$ 各级电位 C 级＿＿＿＿＿＿
V,B 级＿＿＿＿＿＿V,E 级＿＿＿＿＿＿V,其工作状态为＿＿＿＿＿＿（截止、放大、饱和）。

②当按钮开关 SW$_1$,SW$_2$,SW$_3$ 处于不同状态（断开用 0,闭合用 1 表示）时,观察电路中
LED 灯（灭用 0,亮用 1 表示）和蜂鸣器（不发声用 0,发声用 1 表示）的状态并填入表 9-14
中,同时使用万用表测量电路中集成块 U$_1$,U$_2$ 的相应输出引脚电平（低电平用 0,高电平用 1
表示）的状态并填入表 9-14 中。

表 9-14 调试三人表决器逻辑功能

SW$_1$	SW$_2$	SW$_3$	LED 灯	蜂鸣器	U$_1$			U$_2$
					3 脚	6 脚	8 脚	6 脚
0	0	0						
0	0	1						
0	1	0						
0	1	1						
1	0	0						
1	0	1						
1	1	0						
1	1	1						

③根据测试的电路输出状态,分析写出集成块 U$_1$,U$_2$ 相应的逻辑表达式填入表 9-15
中。其中 SW$_1$,SW$_2$,SW$_3$ 分别用 A,B,C 表示,U$_1$A,U$_1$B,U$_1$C 的输出分别用 Y$_1$,Y$_2$,Y$_3$ 表示,
U$_2$ 的输出用 Y 表示。

表 9-15 集成块逻辑功能测试

集成块	逻辑表达式
U$_1$A	
U$_1$B	
U$_1$C	
U$_2$	

▶任务评价

任务过程评价表见表 9-16。

表 9-16　任务过程评价表

序　号	评价要点	配分/分	得分/分	总　评
1	任务实训准备、知识准备充分	15		
2	能正确调试直流稳压电源输出 5 V 直流电压	5		A(80 分及以上)　□
3	能给电路板正确接入 5 V 直流电压	5		B(70~79 分)　□
4	能正确调试电路功能状态完成表 9-14	48		C(60~69 分)　□
5	能分析写出逻辑表达式完成表 9-15	12		D(59 分及以下)　□
6	小组合作、协调、沟通能力	5		
7	7S 管理素养	10		

▶知识拓展

一、逻辑代数运算法则

1.基本定律

逻辑代数基本定律见表 9-17。

表 9-17　逻辑代数基本定律

定　律	表达式	
0-1 律	$A \cdot 0 = 0$	$A + 1 = 1$
自等律	$A \cdot 1 = A$	$A + 0 = A$
等幂律	$A \cdot A = A$	$A + A = A$
互补律	$A \cdot \overline{A} = 0$	$A + \overline{A} = 0$
交换律	$A \cdot B = B \cdot A$	$A + B = B + A$
结合律	$A \cdot (B \cdot C) = (A \cdot B) \cdot C$	$A + (B + C) = (A + B) + C$
分配律	$A \cdot (B + C) = A \cdot B + A \cdot C$	$A + (B \cdot C) = (A + B) \cdot (A + C)$
吸收律	$A + A \cdot B = A$	$A \cdot (A + B) = A$

2.化简方法

化简方法参考表见表 9-18。

表 9-18　化简方法参考表

名　称	方　法	例　子
并项法	$A + \overline{A} = 1$,消除一个变量	$\overline{ABC} + \overline{AB}\overline{C} = \overline{AB}(C + \overline{C}) = \overline{AB}$

续表

名 称	方 法	例 子
吸收法	$A+AB=A$,吸掉多余的项	$\overline{AB}C+\overline{A}=\overline{A}$
消去法	$A+\overline{A}B=(A+\overline{A})(A+B)=1(A+B)=A+B$, 利用 $A+\overline{A}B=A+B$,消除多余因子	$AB+\overline{A}C+\overline{B}C=AB+(\overline{A}+\overline{B})C=AB+\overline{AB}C=AB+C$
配项法	$A=A(B+\overline{B})$,利用 $(B+\overline{B})$ 作配项,消除多余的项	$A\overline{B}+B\overline{C}+\overline{B}C+\overline{A}B=A\overline{B}+B\overline{C}+\overline{B}C(A+\overline{A})+\overline{A}B(C+\overline{C})=$ $A\overline{B}+B\overline{C}+A\overline{B}C+\overline{A}\overline{B}C+\overline{A}BC+\overline{A}B\overline{C}=(A\overline{B}+A\overline{B}C)+(B\overline{C}+\overline{A}B\overline{C})+(\overline{A}\overline{B}C+\overline{A}BC)=A\overline{B}(1+C)+B\overline{C}(1+\overline{A})+\overline{A}C(\overline{B}+B)=A\overline{B}+B\overline{C}+\overline{A}C$

二、组合逻辑电路

用基本逻辑门电路组成的逻辑电路称为组合逻辑电路,简称组合电路。其特点是任何时刻电路的输出状态直接由同一时刻的输入状态所决定,与输入前的状态无关,即无记忆功能。

1.编码器

(1)编码

数字电路中的编码是指将输入的各种信号转换成若干位二进制数码的过程。

(2)二—十进制编码器

将十进制数 0~9 的 10 个数字编成二进制代码的电路,称为二—十进制编码器,如图 9-8所示。

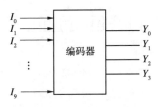

图 9-8 二—十进制编码器

$I_0,I_1,I_2,I_3,I_4,I_5,I_6,I_7,I_8,I_9$ 为编码器的 10 个输入端,分别代表十进制数 0~9 的 10 个数字;Y_3,Y_2,Y_1,Y_0 为编码器的 4 个输出端,表示 4 位二进制代码。4 位二进制代码有 16 种状态组合,可任意选出 10 种表示 0~9 这 10 个数字,不同的选取方式表示不同的编码方法。最常用的是 8421BCD 码。

二—十进制编码器真值表见表 9-19。

表 9-19　二—十进制编码器真值表

十进制数	输入										输出			
	I_9	I_8	I_7	I_6	I_5	I_4	I_3	I_2	I_1	I_0	Y_3	Y_2	Y_1	Y_0
0	0	0	0	0	0	0	0	0	0	1	0	0	0	0
1	0	0	0	0	0	0	0	0	1	0	0	0	0	1
2	0	0	0	0	0	0	0	1	0	0	0	0	1	0
3	0	0	0	0	0	0	1	0	0	0	0	0	1	1
4	0	0	0	0	0	1	0	0	0	0	0	1	0	0
5	0	0	0	0	1	0	0	0	0	0	0	1	0	1
6	0	0	0	1	0	0	0	0	0	0	0	1	1	0
7	0	0	1	0	0	0	0	0	0	0	0	1	1	1
8	0	1	0	0	0	0	0	0	0	0	1	0	0	0
9	1	0	0	0	0	0	0	0	0	0	1	0	0	1

2.译码器

（1）译码

译码是编码的逆过程。译码器分为显示译码器和通用译码器。通用译码器分为二进制译码器和二—十进制译码器。

（2）二—十进制译码器

74LS42 二—十进制译码器如图 9-9 所示。图中 A_3,A_2,A_1,A_0 为 BCD 码的 4 个输入端，$\overline{Y_0} \sim \overline{Y_9}$ 为 10 条输出线,分别对应十进制数的 0~9 十个数码,输出为低电平有效。

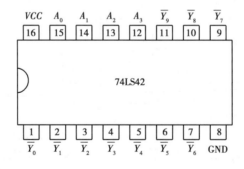

图 9-9　74LS42 二—十进制译码器

由于 4 位二进制输入有 16 种组合状态,72LS42 自动将其中 6 种状态识别为伪码,当输入为 1010~1111 六个超出 10 的无效状态时,10 个输出均为 1,译码器拒绝译出。74LS42 二—十进制译码器真值表见表 9-20。

表 9-20　74LS42 二—十进制译码器真值表

输　入				输　出									
A_3	A_2	A_1	A_0	$\overline{Y_0}$	$\overline{Y_1}$	$\overline{Y_2}$	$\overline{Y_3}$	$\overline{Y_4}$	$\overline{Y_5}$	$\overline{Y_6}$	$\overline{Y_7}$	$\overline{Y_8}$	$\overline{Y_9}$
0	0	0	0	0	1	1	1	1	1	1	1	1	1
0	0	0	1	1	0	1	1	1	1	1	1	1	1
0	0	1	0	1	1	0	1	1	1	1	1	1	1
0	0	1	1	1	1	1	0	1	1	1	1	1	1
0	1	0	0	1	1	1	1	0	1	1	1	1	1
0	1	0	1	1	1	1	1	1	0	1	1	1	1
0	1	1	0	1	1	1	1	1	1	0	1	1	1
0	1	1	1	1	1	1	1	1	1	1	0	1	1
1	0	0	0	1	1	1	1	1	1	1	0	0	1
1	0	0	1	1	1	1	1	1	1	1	1	1	0
1	0	1	0	1	1	1	1	1	1	1	1	1	1
1	0	1	1	1	1	1	1	1	1	1	1	1	1
1	1	0	0	1	1	1	1	1	1	1	1	1	1
1	1	0	1	1	1	1	1	1	1	1	1	1	1
1	1	1	0	1	1	1	1	1	1	1	1	1	1
1	1	1	1	1	1	1	1	1	1	1	1	1	1

▶课后练习

一、知识练习

(一)填空题

1.数字信号的定义是_____,模拟信号的定义是_____。

2.数字电路的两个基本的数码为_____和_____。

3.二进制按_____原则转换为十进制,十进制按_____原则转换成二进制。

4.十进制数 56 的 8421BCD 码是_____。

5.二进制数只有_____和_____两种数码。

6.计数器的主要用途是对脉冲进行_____,也可以用作_____和_____。

7.利用 555 时基电路,外接一些部件就能灵活地构成_____触发器、_____振荡器以及其他应用电路。

8.按照逻辑功能的不同特点,常把数字电路分成两大类,一类称为_____电路,另一类称为_____电路,主要区别在于_____。

（二）选择题

1.数字电路用来研究和处理（　　　）。

A.连续变化信号　　　　B.不连续变化信号　　　C.两者都是

2.十进制数 188 写成 8421BCD 码是（　　　）。

A.000110001000　　　　B.001010010001　　　　C.000110011001

3.LED 显示器的共阴极接法中,需要将所有的发光二极管的阴极接（　　　）。

A.地　　　　　　　　　B.+5 V　　　　　　　　C.译码器　　　　　　　　D.+10 V

4.与非门的逻辑关系是（　　　）。

A.有 1 出 0,全 0 出 1　　　　　　　　　B.有 0 出 1,全 1 出 0

C.有 0 出 0,全 0 出 1

5.或非门的逻辑关系是（　　　）。

A.有 1 出 0,全 0 出 1　　　　　　　　　B.有 0 出 1,全 1 出 0

C.有 0 出 0,全 0 出 1

（三）进制之间的转换

1.将下列十进制数转换成二进制数

①88　　　②48　　　③126

2.将下列二进制数转换成十进制数

①1100　　　②1010111　　　③11001

3.将下列二进制数转换成十六进制数

①0101000　　　②110010110　　　③1101

（四）将以下逻辑代数式进行化简

1.$Y=AB+\overline{\overline{A}B}+\overline{\overline{A}B}+\overline{A}B$

2. $Y = \overline{A} + \overline{B} + AB$

3. $Y = A\overline{B}C + (A+B)C$

4. $Y = A\overline{B} + ACD + \overline{\overline{AB}} + \overline{A}CD$

（五）求证

1. $AB + A\overline{B} + \overline{A}C + \overline{A}\ \overline{C} = 1$

2. $\overline{B}CD + BC\overline{D} + B\overline{CD} + BCD = B$

3. $Y = (A+B)(\overline{A}+B)$

4. $Y = AB + \overline{A}C + A + BCD$

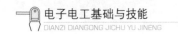

（六）简答题

1.什么是脉冲？常见的脉冲有哪些？

2.基本逻辑门电路有哪些？画出它们的逻辑符号,说明其逻辑功能。

3.根据表 9-21 所示的真值表写出逻辑表达式,化简后作出其逻辑电路图。

表 9-21 真值表

A	B	C	Y
0	0	0	0
0	0	1	0
0	1	0	0
0	1	1	0
1	0	0	1
1	0	1	0
1	1	0	1
1	1	1	1

二、技能练习

用红、绿、黄 3 个指示灯显示 3 台设备的工作状态,绿灯亮表示设备完全正常,黄灯亮表示 1 台设备不正常,红灯亮表示 2 台设备不正常,红、黄灯亮表示 3 台设备不正常。试写出控制电路的真值表并选用合适的门电路加以实现。

项目十 模拟电子蜡烛电路

▶项目目标

知识目标

1.理解基本 RS 触发器、同步 RS 触发器、D 触发器的电路构成。

2.掌握基本 RS 触发器、同步 RS 触发器、D 触发器的逻辑功能。

3.掌握 JK 触发器的电路组成和边沿触发方式。

4.掌握 JK 触发器的逻辑功能。

5.理解模拟电子蜡烛电路的功能原理。

技能目标

1.能认识并画出常见 RS、JK、D 触发器电路的符号。

2.能识别与检测模拟电子蜡烛电路的元器件。

3.能正确组装模拟电子蜡烛电路。

4.能调试模拟电子蜡烛电路的功能。

情感目标

1.培养学生严谨的工作态度和精益求精的工匠精神。

2.培养学生的 7S 管理素养。

▶项目描述

随着物质生活的改善,人们在精神层面有了更高的追求。在日常的生活中也有很多值得我们学习的知识。图 10-1 为"电子蜡烛"庆生现场,小明通过模拟电子蜡烛为他的同学庆祝生日。那么这一套模拟电子蜡烛是如何实现庆生功能的呢?本项目将以认识、组装、调试模拟电子蜡烛电路为基础,走进触发器电路的世界。

图 10-1 "电子蜡烛"庆生现场

任务一　组装模拟电子蜡烛电路

▶任务描述

"电子蜡烛"庆生神器,可以采用数字电路中的基本 RS、D 触发器电路来制作一套模拟电子蜡烛电路实现其功能。本任务将以认识、组装简单的模拟电子蜡烛电路为基础,认识触发器电路。

▶任务准备

一、实训准备

按照分组,各小组讨论人员分工合作情况;然后各组准备组装模拟电子蜡烛电路所需的元器件、工具、耗材、资料等,实训准备清单见表 10-1。

表 10-1　实训准备清单

准备名称	准备内容	准备情况	负责人
元器件	模拟电子蜡烛套件		
工具	万用表、电烙铁、斜口钳、镊子等		
耗材	导线、焊锡丝、松香等		
资料	教材、任务书等		

二、知识准备

触发器是能存储二进制数码的一种数字电路,在一定条件下,可以维持两个稳定状态(0 和 1)之一而保持不变,但在一定的外加信号作用下,触发器又可以从一种状态转换到另一种稳定状态,触发器具有记忆功能,因此触发器在数字系统和计算机中有着广泛的应用。

1.基本 RS 触发器

基本 RS 触发器是最简单、最基本的触发器,由两个与非门相互交叉连接构成。

①基本 RS 触发器由两个输入端 $\overline{R}$(置 1 端)、$\overline{S}$(置 0 端),互补输出端 $Q,\overline{Q}$,其逻辑电路和逻辑符号如图 10-2 所示。

$\overline{R},\overline{S}$ 是两个输入端,字母上面的非号表示低电平有效;

$Q,\overline{Q}$ 是一对互补输出端;

$Q=1(\overline{Q}=0)$,触发器处于 1 状态;反之,若 $Q=0(\overline{Q}=1)$,触发器处于 0 状态。

②基本 RS 触发器逻辑功能表见表 10-2。

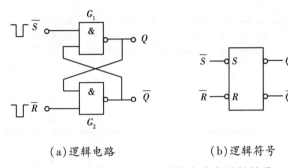

(a)逻辑电路　　　　　　　　　(b)逻辑符号

图 10-2　基本 RS 触发器逻辑电路与逻辑符号

表 10-2　基本 RS 触发器逻辑功能表

输入信号		输出状态	功能说明	备　注
$\overline{S}$	$\overline{R}$	Q_n+1		
0	0	不定	禁止	$Q=\overline{Q}=1$,与规定相背,会引起逻辑混乱
0	1	1	置1	$\overline{R}$ 端称为触发器的置 0 端或复位端
1	0	0	置0	$\overline{S}$ 端称为触发器的置 1 端或置位端
1	1	Q_n	保持	体现记忆功能

2.同步 RS 触发器

同步 RS 触发器是在基本 RS 触发器的基础上引入了一个时钟信号 CP。输入信号受 CP 控制,可以实现多个触发器同步工作,性能有所提高。

①同步 RS 触发器在基本 RS 触发器的基础上,增加了两个与非门 G_3,G_4,一个时钟脉冲端 CP,其逻辑电路和逻辑符号如图 10-3 所示。

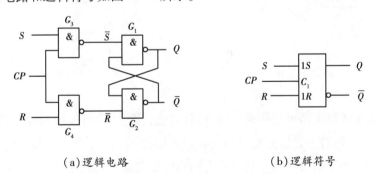

(a)逻辑电路　　　　　　　　　(b)逻辑符号

图 10-3　同步 RS 触发器逻辑电路与逻辑符号

②同步 RS 触发器逻辑功能表见表 10-3。

表 10-3　同步 RS 触发器逻辑功能表

CP	S	R	Q_n+1	功能说明
0	×	×	Q_n	保持
1	0	0	Q_n	保持

续表

CP	S	R	Q_n+1	功能说明
1	0	1	0	置0
1	1	0	1	置1
1	1	1	不定	禁止

a.在 $CP=0$ 期间，G_3，G_4 与非门被 CP 端的低电平关闭，使基本 RS 触发器的 $\overline{S}=\overline{R}=1$，触发器保持原来状态不变。

b.在 $CP=1$ 期间，G_3，G_4 控制门开门，触发器输出状态由输入端 R，S 信号决定，R，S 输入高电平有效。触发器具有置0、置1、保持的逻辑功能。

同步 RS 触发器在 $CP=0$ 时，触发器输出状态不受 R，S 的直接控制，从而提高了触发器的抗干扰能力。

3.CD4013 集成触发器

①CD4013 集成触发器由两个相同的、相互独立的数据型触发器构成，其实物外形和引脚结构如图 10-4 所示。

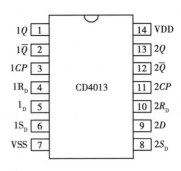

（a）实物外形　　　　　　　（b）引脚结构

图 10-4　CD4013 集成触发器

②CD4013 集成触发器可用作移位寄存器，且通过将 Q 输出连接到数据输入，可用作计数器和触发器。在时钟上升沿触发时，加在 D 输入端的逻辑电平传送到 Q 输出端。置位和复位与时钟无关，而分别由置位或复位线上的高电平完成。

▶任务实施

一、认识模拟电子蜡烛

1.认识电路功能

模拟电子蜡烛具有"火柴点火，风吹火熄"的仿真性，设计原型来源于现实生活情节：蜡烛的使用，电路改造后可用于生日晚会或表白场景。

2.认识电路原理

模拟电子蜡烛电路如图 10-5 所示,主要由 CD4013 及电容、电阻、发光二极管组成。CD4013 是一双 D 触发器,由两个相同、相互独立的数据型触发器构成,其主要工作原理:利用双 D 触发器 4013 中的一个 D 触发器,接成 R-S 触发器形式,接通电源后,R_7,C_3 组成的微分电路产生一个高电平微分脉冲加到 IC1 的 1RD 端,强制电平复位,1Q 端输出低电平,到三极管 VT_4 的基极,为低电平,VT_4 截至,发光二极管 VD_1 不妨光,达到点亮熄灭的效果。

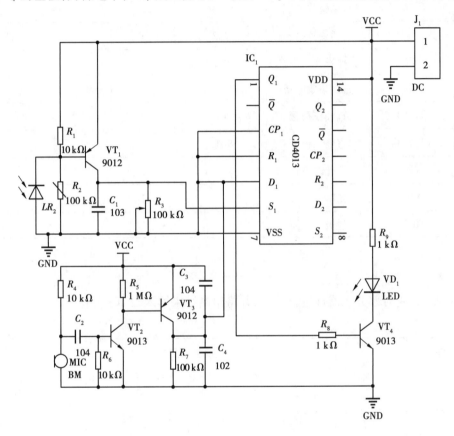

图 10-5　模拟电子蜡烛电路图

二、识别与检测模拟电子蜡烛元器件

1.识别元器件

按照表 10-4 仔细清点模拟电子蜡烛电路元器件是否齐全、有无异常,"清点结果"栏正常的打"√",不正常的填写缺少、损坏等,并进行更换处理。

表 10-4　元器件清单

序号	标　号	名　称	规格型号	数量/个	清点结果
1	R_8,R_9	直插色环电阻	1 kΩ	2	
2	R_1,R_4,R_6	直插色环电阻	10 kΩ	3	
3	R_3,R_7	直插色环电阻	100 kΩ	2	

续表

序号	标号	名称	规格型号	数量/个	清点结果
4	R_5	直插色环电阻	1 MΩ	1	
5	R_2	热敏电阻	100 kΩ	1	
6	C_1	直插瓷片电容	103	1	
7	C_2,C_3	直插瓷片电容	104	2	
8	C_4	直插瓷片电容	102	1	
9	LED	直插发光二极管	5 mm 红发红	1	
10	IC_1	直插集成电路	CD4013	1	
11	VT_1,VT_3	直插三极管	9012	2	
12	VT_2,VT_4	直插三极管	9013	2	
13	VD_1	发光二极管		1	
14	VD_2	光敏二极管		1	
15	BM	驻极体话筒		1	

2.检测元器件

按照表 10-4 对部分元器件进行检测,并将检测结果填入表 10-5 中。

表 10-5　检测元器件

元器件	识别及检测内容				
电阻器	名称	颜色环	标称值(含误差)	测量值	测量表型及挡位
	R_1				
	R_5				
	R_8				
瓷片电容	名称	画外形图		两端电容值	测量表型及挡位
	C				
二极管	名称	画外形图标出引脚极性		正向电压	导通电压
	LED				
三极管	名称	面对平面引脚朝下画引脚极性图		极性	C,E 极间电阻
	VT_4				
集成电路	名称	画平面引脚分布图		电源引脚	接地引脚
	IC_1				

三、组装模拟电子蜡烛电路

对照模拟电子蜡烛电路图 10-5、元器件清单表 10-4,将所有元器件准确无误地安装、焊接到如图 10-6 所示的电路板上。组装技术要求见表 10-6。

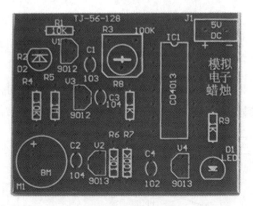

图 10-6　组装前的模拟电子蜡烛电路板

表 10-6　组装技术要求

内　容	技术要求
元器件引脚	引脚加工尺寸、成形、修脚长度应符合装配工艺要求
元器件安装	元器件安装位置、极性正确;高度、字标方向符合工艺要求;安装牢固,排列整齐
焊点	焊点圆润、干净、无毛刺、大小适中;无漏、假、虚、连焊;焊盘不应脱落;无烫伤和划伤
工具使用和维护	电烙铁、钳口工具、万用表的正确使用和维护
职业安全意识	工具摆放整齐;操作符合安全操作规程;遵守纪律,服从教师和实验室管理员管理;保持工位的整洁

▶任务评价

任务过程评价表见表 10-7。

表 10-7　任务过程评价表

序　号	评价要点	配分/分	得分/分	总　评
1	任务实训准备、知识准备充分	15		A(80 分及以上)　□
2	能说出电路的功能原理	10		
3	能正确识别与检测元器件并完成表 10-4、表 10-5	30		B(70~79 分)　□
4	能根据表 10-6 的要求完成电路板的组装	30		C(60~69 分)　□
5	小组合作、协调、沟通能力	5		D(59 分及以下)　□
6	7S 管理素养	10		

▶知识拓展

一、集成触发器

集成触发器有 TTL 集成时钟脉冲触发器,也有 CMOS 集成时钟脉冲触发器,虽然它们内部结构有所不同,但外部功能是相同的。常用的集成触发器有 JK 触发器、D 触发器等。

1.JK 触发器

①数字电路中在 CP 时钟脉冲控制下,根据输入信号 J,K 不同,具有置 0、置 1、保持和翻转功能的电路,称为 JK 触发器。其逻辑电路和逻辑符号如图 10-7 所示。

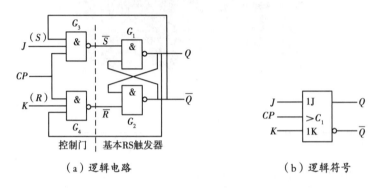

（a）逻辑电路　　　　　　　　　（b）逻辑符号

图 10-7　JK 触发器的逻辑电路与逻辑符号

②JK 触发器逻辑功能表见表 10-8。

表 10-8　JK 触发器逻辑功能表

CP	J	K	Q^{n+1}	功能说明
0	×	×	Q^n	保持
1	0	0	Q^n	保持
1	0	1	0	置 0
1	1	0	1	置 1
1	1	1	$\overline{Q^n}$	翻转

$J=K=0$ 时,$Q^{n+1}=Q^n$(保持);$J=K=1$ 时,$Q^{n+1}=\overline{Q^n}$(翻转);$J\neq K$ 时,$Q^{n+1}=J$。

JK 触发器不仅可以避免不确定状态,而且增加了触发器的逻辑功能——翻转功能(又称为计数功能):当 $J=1$,$K=1$ 时,触发器的输出总使原状态发生翻转,即 $Q^{n+1}=\overline{Q^n}$。

2.D 触发器

D 触发器只有一个触发输入端 D,当时钟脉冲 CP 上升沿时,输出状态与输入状态相同。

①在同步 RS 触发器的基础上,把与非门 G_3 的输出 $\overline{S}$ 接到与非门 G_4 的 R 输入端,使 $R=\overline{S}$,从而避免了 $\overline{S}=\overline{R}=0$ 的情况,并将 S 改为 D 输入,即为 D 触发,其逻辑电路和逻辑符号如

图 10-8 所示。

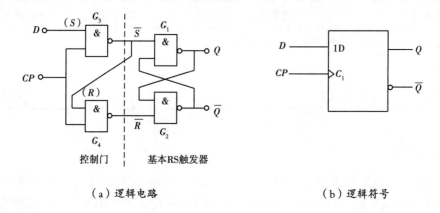

（a）逻辑电路　　　　　　　　　　（b）逻辑符号

图 10-8　D 触发器的逻辑电路与逻辑符号

②D 触发器逻辑功能表见表 10-9。

表 10-9　D 触发器逻辑功能表

CP	D	Q^{n+1}	功能说明
0	×	Q^n	保持
1	0	0	置0
1	1	1	置1

D 触发器的逻辑功能：$CP=0$ 时，$Q^{n+1}=Q^n$（保持）；$CP=1$ 时，$Q^{n+1}=D$，触发器的输出随 D 的变化而变化。

任务二　调试模拟电子蜡烛电路

▶任务描述

前面已经认识、组装了一套用于"庆生"或"表白"的模拟电子蜡烛电路板。本任务将在此基础上通电调试该电路的功能，并理解基本和集成触发器电路的功能。

▶任务准备

一、实训准备

按照分组，各小组讨论人员分工合作情况；然后各组准备组装三人表决器电路所需的电路板、工具、资料等，实训准备清单见表 10-10。

表 10-10　实训准备清单

准备名称	准备内容	准备情况	负责人
电路板	组装好的模拟电子蜡烛电路板		
工具	万用表、直流稳压电源等		
资料	教材、任务书等		

二、知识准备

边沿触发是指 CP 脉冲的边沿(上边沿或下边沿)到来时,状态才会发生翻转,其优点是无同步触发器空翻现象。边沿触发分为上升沿触发和下降沿触发两种。通过逻辑符号来区分:输入 CP 脉冲信号加小圈进入触发器的是下降沿触发,输入 CP 脉冲信号无小圈进入触发器的是上降沿触发。

1.集成边沿 JK 触发器

(1)边沿触发方式

边沿触发:利用与非门之间的传输延时时间来实现边沿控制,使触发器在 CP 脉冲上升沿(或下降沿)的瞬间,根据输入信号的状态产生触发器新的输出状态。而在 $CP=1$(或 $CP=0$)的期间输入信号对触发器的状态均无影响。

(2)逻辑符号与工作波形

边沿(上升沿)JK 触发器的逻辑符号与工作波形图如图 10-9 所示。

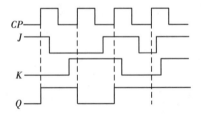

(a)上升沿 JK 触发器的逻辑符号　　　(b)上升沿 JK 触发器的工作波形

图 10-9　边沿(上升沿)JK 触发器的逻辑符号与工作波形图

边沿(下降沿)JK 触发器的逻辑符号与工作波形图如图 10-10 所示。

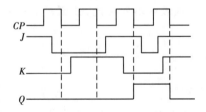

(a)下降沿 JK 触发器的逻辑符号　　　(b)下降沿 JK 触发器的工作波形

图 10-10　边沿(下降沿)JK 触发器的逻辑符号与工作波形图

2.集成边沿 D 触发器

(1)74LS74 引脚排列和逻辑符号

74LS74 边沿 D 触发器如图 10-11 所示。

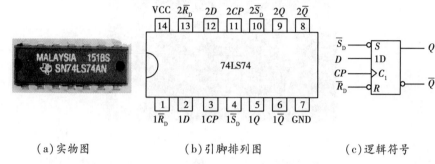

（a）实物图　　　　　　（b）引脚排列图　　　　　（c）逻辑符号

图 10-11　74LS74 边沿 D 触发器

(2)74LS74 逻辑功能表

74LS74 逻辑功能表见表 10-11。

表 10-11　74LS74 逻辑功能表

输　入				输　出	逻辑功能
$\overline{R_D}$	$\overline{S_D}$	CP	D	Q^{n+1}	
0	1	×	×	0	设置初态
1	0	×	×	1	
1	1	↑	0	1	置 0
1	1	↑	0	0	置 1

　　74LS74 触发器的逻辑功能与前面介绍的 D 触发器相同,唯一的区别是 74LS74 只在 CP 为上升沿的时候工作。

▶任务实施

一、接入电源

先调试好直流稳压电源并输出 5 V 直流电压,然后在如图 10-12 所示组装好的电路板上接入 5 V 直流电源,注意电源正极接 VCC 端,负极接 GND 端。

二、调试电路

(1)未接通 5 V 直流电源时,用万用表＿＿＿＿＿＿＿挡位测试,R_2 热敏电阻的阻值是＿＿＿＿＿＿＿Ω,接通 5 V 电源后测得 R_2 热敏电阻的阻值是＿＿＿＿＿＿＿Ω。

(2)检测判断驻极体话筒 BM 的灵敏度。

(3)使用万用表测量电路中集成块 IC_1 的相应输出引脚电平(低电平用 0,高电平用 1 表示)的状态填入表 10-12 中。

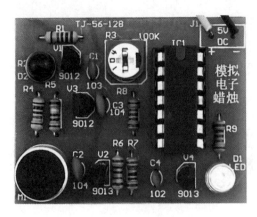

图 10-12　组装好的模拟电子蜡烛电路板

表 10-12　调试模拟电子蜡烛电路的逻辑功能

$1CP$（3 脚）	$1D$（5 脚）	$1R_D$（4 脚）	$1S_D$（6 脚）	$1Q$（1 脚）	$1/Q$（2 脚）
↑	0				
↑	1				
↓	×				
×	×				
×	×				
×	×				

▶任务评价

任务过程评价表见表 10-13。

表 10-13　任务过程评价表

序　号	评价要点	配分/分	得分/分	总　评
1	任务实训准备、知识准备充分	15		
2	能正确调试直流稳压电源并输出 5 V 直流电压	5		
3	能给电路板正确接入 5 V 直流电压	5		A（80 分及以上）　☐
4	能正确调试电路功能状态完成测量热敏电阻和判别驻极体话筒 BM 的灵敏度	48		B（70~79 分）　☐ C（60~69 分）　☐
5	能写出完整真值表完成表 10-12	12		D（59 分及以下）　☐
6	小组合作、协调、沟通能力	5		
7	7S 管理素养	10		

►**知识拓展**

热敏电阻是敏感元件的一类,按照温度系数不同分为正温度系数热敏电阻(PTC)和负温度系数热敏电阻(NTC)。热敏电阻的典型特点是对温度敏感,不同的温度下表现出不同的电阻值。PTC 在温度越高时电阻值越大,NTC 在温度越高时电阻值越低,它们同属于半导体器件。

►**课后练习**

一、知识练习

(一)填空题

1.触发器是数字电路中一种最基本的单元电路,具有两种稳态,分别用二进制数_____和_____表示。

2.在时钟脉冲控制下,根据输入信号及 J 端、K 端的不同情况能够具有_____、_____、_____、_____功能的电路,称为 JK 触发器。

3.RS 触发器具有_____和_____的功能。

4.触发器根据触发方式不同分为_____、_____、_____。

5.D 触发器在时钟脉冲作用下,触发器的状态与 D 端输入状态一致,具有_____和_____功能。

(二)判断题

1.触发器是时序逻辑电路的基本单元。(　　)

2.组合逻辑电路任何时刻的输出不仅与该时刻的输入状态有关,还与先前的输出状态有关。(　　)

3.同一 CP 控制各触发器的计数器称为异步计数器。(　　)

4.各触发器的信号来源不同的计数器称为同步计数器。(　　)

5.1 个触发器可以存放 2 个二进制数。(　　)

6.D 触发器只有时钟信号脉冲上升沿有效的品种。(　　)

7.同步 RS 触发器在开关去抖中得到应用。(　　)

8.不同触发器间的逻辑功能是可以相互转换的。(　　)

9.对边沿 JK 触发器,在 CP 为高电平期间,当 $J=K=1$ 时,状态会翻转一次。(　　)

10.JK 触发器只要 J,K 端同时为 1,则一定引起状态翻转。(　　)

11.JK 触发器在 CP 作用下,若 $J=K=1$,其状态保持不变。(　　)

12.所谓上升沿触发,是指触发器的输出状态变化发生在 $CP=1$ 期间。(　　)

(三)选择题

1.下列几种触发器中,哪种触发器的逻辑功能最灵活?(　　)

A.D 型　　　　　　　B.JK 型　　　　　　　C.T 型　　　　　　　D.RS 型

2.由与非门组成的 RS 触发器不允许输入的变量组合 RS 为（　　）。

A.00　　　　　　　B.01　　　　　　　C.11　　　　　　　D.10

3.要使 JK 触发器的状态和当前状态相反,所加激励信号 J 和 K 应是（　　）。

A.00　　　　　　　B.01　　　　　　　C.11　　　　　　　D.10

4.激励信号有约束条件的触发器是（　　）。

A.RS 触发器　　　　B.D 触发器　　　　C.JK 触发器　　　　D.T 触发器

5.对于同步触发的 D 型触发器,要使输出为 1,则输入信号 D 满足（　　）。

A.$D=1$　　　　　　B.$D=0$　　　　　　C.不确定　　　　　D.$D=0$ 或 $D=1$

（四）简答题

1.主从 JK 触发器和边沿 JK 触发器有何异同?

2.画出基本 RS 触发器、主从 JK 触发器、边沿 JK 触发、D 触发器的逻辑符号（以表格的形式）。

二、技能练习

利用所学门电路和触发器知识,安装四人抢答器套件并调试其功能,如图 10-13 所示。

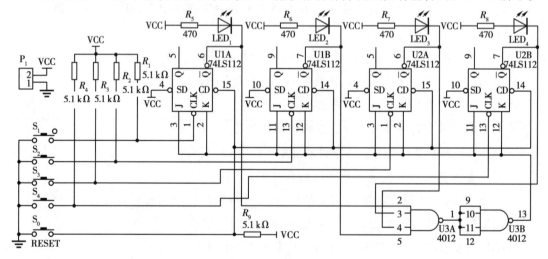

图 10-13　四人抢答器电路图

项目十一　555 定时器电路

▶项目目标

知识目标

1.理解寄存器的功能、基本构成和常见类型。

2.了解二进制计数器、十进制计数器的电路组成和工作原理。

3.掌握计数器的功能及类型。

4.掌握十进制典型集成计数器的外特性及使用方法。

5.理解 NE555 单稳态触发器的电路组成和引脚功能。

技能目标

1.能学会典型集成移位寄存器的简单应用。

2.能学会典型集成计数器的简单应用。

3.能掌握 NE555 单稳态触发器的引脚功能和工作原理。

3.能正确组装 555 定时器电路。

4.能调试 555 定时器电路的功能。

情感目标

1.培养学生严谨的工作态度和精益求精的工匠精神。

2.培养学生的 7S 管理素养。

▶项目描述

图 11-1 为家庭中的 555 定时器,通过延时设置,晚上睡觉熄灯后会让我们有充足的时间上床休息。那么这一套 555 定时器的是如何实现其功能的呢?本项目我们将以认识、组装、调试 555 定时器电路为基础,走进时序逻辑电路的世界。

图 11-1　555 定时器(触摸延时开关)

任务一 组装 555 定时器电路

▶任务描述

在家庭应用中的 555 定时器,可以采用数字电路中的 NE555 单稳态触发器电路来制作一套 555 定时器电路实现其功能。本任务将以认识、组装简单的 555 定时器电路为基础,认识时序逻辑电路。

▶任务准备

一、实训准备

按照分组,各小组讨论人员分工合作情况;然后各组准备组装 555 定时器电路所需的元器件、工具、耗材、资料等,实训准备清单见表 11-1。

表 11-1 实训准备清单

准备名称	准备内容	准备情况	负责人
元器件	模拟 555 定时器套件		
工具	万用表、电烙铁、斜口钳、镊子等		
耗材	导线、焊锡丝、松香等		
资料	教材、任务书等		

二、知识准备

时序逻辑电路是指任一时刻的输出信号不仅取决于当时的输入信号,而且还取决于电路原来的状态。计数器和寄存器是简单常用的时序逻辑电路,在计算机和其他数字系统中应用广泛,如我们用到的秒表、大型城市灯光秀等。

1.寄存器

寄存器具有接收数据、存放数据和输出数据的功能,主要由门电路和具有存储功能的触发器组合构成。寄存器按功能可分为数码寄存器和移位寄存器。

(1)数码寄存器

①组成。

数码寄存器逻辑电路如图 11-2 所示。

$\overline{CR}$ 为寄存器的清零端;

$D_0 \sim D_3$ 为寄存器的数据输入端;

$Q_0 \sim Q_3$ 为寄存器的数据输出端。

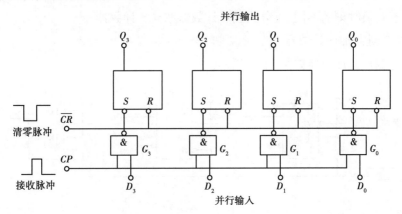

图 11-2 数码寄存器逻辑电路

②工作过程。

第一步:寄存前先清零;

第二步:接收脉冲控制数据寄存,例如,$D_3D_2D_1D_0 = 1101$。

(2)移位寄存器

①组成。

移位寄存器逻辑电路如图 11-3 所示。

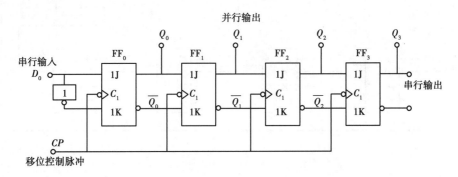

图 11-3 移位寄存器逻辑电路

各触发器 J,K 端均与相邻低位触发器的 Q,$\overline{Q}$ 端连接,FF_0 的 K 端串接一个非门后再与 J 端相连,作为接收外来数据的输入端。

②工作过程。

移位寄存器右移示意图如图 11-4 所示。

2.计数器

计数器是一种对输入脉冲进行累计计数的逻辑器件,还具有分频、定时等功能,广泛应用于数字仪表、程序控制、计算机等领域。计数器按计数的进位体制不同,可分为二进制、十进制和 N 进制计数器

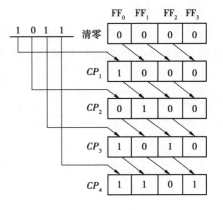

图 11-4 移位寄存器右移示意图

等;按计数器中数值的增、减情况,可分为加法计数器、减法计数器、可逆计数器;按计数器中各触发器状态转换时刻的不同,可分为同步计数器和异步计数器。

（1）异步二进制加法计数器

异步二进制加法计数器如图 11-5 所示。

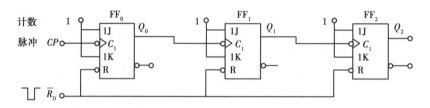

图 11-5　异步二进制加法计数器

核心器件是 JK 触发器,将 JK 触发器接成计数状态 $Q^{n+1}=\overline{Q^n}$;计数脉冲加到最低位触发器 FF_0 的 CP 端,其他触发器的 CP 依次受低位触发器 Q 端的控制。

（2）异步十进制加法计数器

①组成。

异步十进制加法计数器如图 11-6 所示。

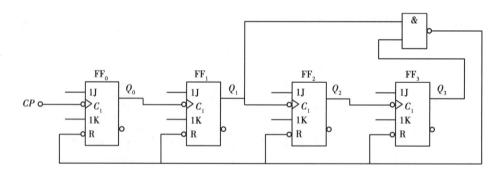

图 11-6　异步十进制加法计数器

异步十进制加法计数器由 4 位二进制计数器和一个用于计数器清零的门电路组成。

②工作过程。

每来一个脉冲计数一次,$Q_3Q_2Q_1Q_0$ 由 0000 变化到 1001,计数 10 次后,复位从 0000 开始计数。异步十进制加法计数器状态见表 11-2。

表 11-2　异步十进制加法计数器状态表

计数脉冲	输出端			
	Q_3	Q_2	Q_1	Q_0
0	0	0	0	0
1	0	0	0	1
2	0	0	1	0

续表

计数脉冲	输出端			
	Q_3	Q_2	Q_1	Q_0
3	0	0	1	1
4	0	1	0	0
5	0	1	0	1
6	0	1	1	0
7	0	1	1	1
8	1	0	0	0
9	1	0	0	1

▶**任务实施**

一、认识555定时器

1.认识电路功能

555定时器具有时间可调可控的特点,设计原型来源于现实生活情节,可用于卧室灯、卫浴灯等,通过延时关闭,避免出现熄灯后的意外发生。

2.认识电路原理

555定时器电路如图11-7所示,主要由NE555单稳态触发器及电容、电阻、发光二极管组成。NE555单稳态触发器是一个应用电路,电路平时处于复位状态,LED不亮。当P受到触摸时,电路被触发进入暂态,3脚输出高电平,LED被点亮。经过一段时间后,暂态结束,电路翻转成稳态,3脚输出低电平,LED熄灭。暂态时间 $t = 1.1 R_1 \times C_2$。

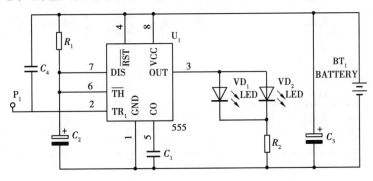

图11-7　555定时器电路图

二、识别与检测555定时器元器件

1.识别元器件

按照表11-3仔细清点555定时器电路元器件是否齐全、有无异常,"清点结果"栏正常的打"√",不正常的填写缺少、损坏等,并进行更换处理。

表 11-3　元器件清单

序号	标号	名称	规格型号	数量/个	清点结果
1	R_1	直插色环电阻	100 kΩ	1	
2	R_2	直插色环电阻	22	1	
3	C_1	电解电容	103	1	
4	C_2, C_3	电解电容	47 μF	2	
5	C_4	瓷片电容	101	1	
6	LED	5 mm 红灯	5 mm	1	
7	U_1	集成电路	555	1	
8	J_1	插针	2P	1	
9	P_1	插针	1P	1	
10	VD_1, VD_2	二极管	发光二极管	2	

2.检测元器件

按照表 11-3 对部分元器件进行检测,并将检测结果填入表 11-4 中。

表 11-4　检测元器件

元器件	识别及检测内容				
电阻器	名称	颜色环	标称值(含误差)	测量值	测量表型及挡位
	R_1				
	R_2				
瓷片电容	名称	画外形图		两端电阻阻值	测量表型及挡位
	C_4				
二极管	名称	画外形图标出引脚极性		正向电压	导通电压
	LED				
集成电路	名称	画平面引脚分布图		电源引脚	接地引脚
	U_1				

三、组装 555 定时器

对照 555 定时器电路图 11-7、元器件清单表 11-3,将所有元器件准确无误地安装、焊接到如图 11-8 所示的电路板上。组装技术要求见表 11-5。

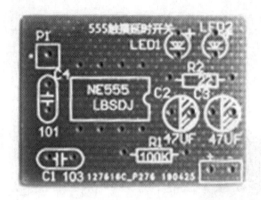

图 11-8　组装前的 555 定时器电路板

表 11-5　组装技术要求

内　容	技术要求
元器件引脚	引脚加工尺寸、成形、修脚长度应符合装配工艺要求
元器件安装	元器件安装位置、极性正确;高度、字标方向符合工艺要求;安装牢固,排列整齐
焊点	焊点圆润、干净、无毛刺、大小适中;无漏、假、虚、连焊;焊盘不应脱落;无烫伤和划伤
工具使用和维护	电烙铁、钳口工具、万用表的正确使用和维护
职业安全意识	工具摆放整齐;操作符合安全操作规程;遵守纪律,服从教师和实验室管理员管理;保持工位的整洁

▶任务评价

任务过程评价表见表 11-6。

表 11-6　任务过程评价表

序　号	评价要点	配分/分	得分/分	总　评	
1	任务实训准备、知识准备充分	15			
2	能说出电路的功能原理	10		A(80 分及以上)	☐
3	能正确识别与检测元器件并完成表 11-3、表 11-4	30		B(70~79 分)	☐
4	能根据表 11-5 的要求完成电路板的组装	30		C(60~69 分)	☐
5	小组合作、协调、沟通能力	5		D(59 分及以下)	☐
6	7S 管理素养	10			

▶知识拓展

集成双向移位寄存器 74LS194 中的数码既可以左移,也可以右移。

1.74LS194 的功能示意图

74LS194 引脚分布与逻辑功能图如图 11-9 所示。

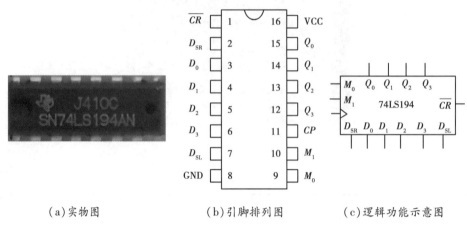

（a）实物图　　　　　　　（b）引脚排列图　　　　　　　（c）逻辑功能示意图

图 11-9　74LS194 引脚分布与逻辑功能图

$D_0 \sim D_3$ 是并行数据输入端，DSR 是右移串行数据输入端，DSL 是左移串行数据输入端；$Q_0 \sim Q_3$ 是寄存器并行数据输出端，M_0 和 M_1 是双向移位寄存器的控制端。

2.74LS194 的逻辑功能

74LS194 的逻辑功能见 11-7。

表 11-7　74LS194 的逻辑功能

控制输入				输出功能
$\overline{CR}$	M_1	M_0	CP	$Q_3Q_2Q_1Q_0$
0	×	×	×	清零
1	0	0	×	状态不变
1	0	1	↑	右移，串入并出
1	1	0	↑	左移，串入并出
1	1	1	↑	同步置数，并入并出

任务二　调试 555 定时器电路

▶任务描述

前面已经认识、组装了一套用于家用延时开关的 555 定时器电路板。本任务将在此基础上通电调试该电路的功能，并理解基本时序逻辑电路的功能。

▶任务准备

按照分组,各小组讨论人员分工合作情况;然后各组准备组装 555 定时器电路所需的电路板、工具、资料等,实训准备清单见表 11-8。

表 11-8　实训准备清单

准备名称	准备内容	准备情况	负责人
电路板	组装好的 555 定时器电路板		
工具	万用表、直流稳压电源等		
资料	教材、任务书等		

▶任务实施

一、接入电源

先调试好直流稳压电源并输出 5 V 直流电压,然后在如图 11-10 所示组装好的电路板上接入 5 V 直流电源,注意电源正极接 VCC 端,负极接 GND 端。

图 11-10　组装好的 555 定时器电路板

二、调试电路

(1)未接通 5 V 直流电源时,用万用表_____挡位测试,R_2 电阻的阻值是_____Ω,接通 5 V 电源后测得 R_2 电阻的阻值是_____Ω。

(2)检测判断触摸开关 P 的灵敏度。

(3)使用万用表测量电路中集成块 U_1 的相应输出引脚电平(低电平用 0,高电平用 1 表示)的状态并填入表 11-9 中。

表 11-9　调试 555 定时器的逻辑功能

直流电源	触摸开关 P_1	电平状态(0 或 1)			LED 状态（亮或灭）
		U_1(3 脚)	U_1(4 脚)	U_1(2 脚)	
4.5 V	触摸				
4.5 V	不触摸				

▶任务评价

任务过程评价表见表 11-10。

表 11-10　任务过程评价表

序　号	评价要点	配分/分	得分/分	总　评
1	任务实训准备、知识准备充分	15		
2	能正确调试直流稳压电源并输出 5 V 直流电压	5		A(80 分及以上)　□
3	能给电路板正确接入 5 V 直流电压	5		B(70~79 分)　□
4	能正确调试电路功能状态并完成测量 R_2 电阻值	48		C(60~69 分)　□
5	能检测出 U_1 芯片 2,3,4 脚电平并完成表 11-8	12		D(59 分及以下)　□
6	小组合作、协调、沟通能力	5		
7	7S 管理素养	10		

▶知识拓展

集成计数器是将多个触发器和相应门控制电路集成在一块硅片上,通过相关输出端、控制端作适当连接,便可实现多种进制计数,应用十分广泛。常用的集成计数器有 74LS160 十进制计数器、74LS161 二进制计数器等,以下简述 74LS160 十进制计数器。

1.74LS160 的功能示意图

74LS160 实物图与逻辑功能如图 11-11 所示。

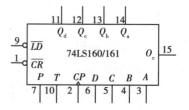

（a）74LS160 实物图　　　　（b）74LS160 逻辑功能

图 11-11　74LS160 实物图与逻辑功能

2.74LS160 的逻辑功能

①$\overline{CR}$ 是低电平有效的异步清零端,$\overline{CR}=0$ 时,无论 CP 是什么状态,计数器立即清零;此时 $P,T,\overline{LD}$ 的状态不会影响计数器功能。

②$\overline{LD}$ 是低电平有效的同步置数端,即当 $\overline{CR}=1,\overline{LD}=0,CP$ 到来时,数据输入端的数据并行载入计数器,完成置数功能。

③T,P 是计数控制端,全为高电平时为计数状态,若其中有一个是低电平,则处于保持数据状态。

④O_C 是进位输出端,当计数发生溢出时,从 O_C 端送出正跳变进位脉冲。

▶课后练习

一、知识练习

(一)填空题

1.寄存器具有_____、_____和_____功能。

2.寄存器由_____和_____构成,按功能可分为_____和_____。

3.把移位寄存器的输出反馈到它的串行输入端,可以进行循环移位,构成_____。

4.计数器是一个用以实现的时序部件,它不仅可以用来_____,还可作数字系统的_____、_____、_____以及_____。

5.计数器按结构分为_____、_____,按功能分为_____、_____、_____,按进制分为_____、_____、_____。

6.二进制、十进制集成计数器外加_____可构成其他进制的计数器。

7.寄存器用于_____、_____、_____数码指令等信息。

8.计数器按计数过程中数值的增减可分为_____、_____和_____三种。

(二)判断题

1.寄存器具有存储数码和信号的功能。(   )

2.构成计数电路的器件必须有记忆功能。(   )

3.移位寄存器只能串行输出。(   )

4.移位寄存器就是数码寄存器,它们没有区别。(   )

5.同步时序电路的工作速度高于异步时序电路。(   )

6.移位寄存器有接收、暂存、清除和数码移位等作用。(   )

(三)选择题

1.下列电路不属于时序逻辑电路的是(   )。

A.数码寄存器   B.编码器   C.触发器   D.可逆计数器

2.下列逻辑电路不具有记忆功能的是(   )。

A.译码器   B.RS 触发器   C.寄存器   D.计数器

3.时序逻辑电路特点中,下列叙述正确的是(　　　)。

A.电路任一时刻的输出只与当时输入信号有关

B.电路任一时刻的输出只与电路原来状态有关

C.电路任一时刻的输出和输入信号与电路原来状态均有关

D.电路任一时刻的输出和输入信号与电路原来状态均无关

4.具有记忆功能的逻辑电路是(　　　)。

A.加法器　　　　　　　　B.显示器　　　　　　　　C.译码器　　　　　　　　D.计数器

5.数码寄存器采用的输入输出方式为(　　　)。

A.并行输入、并行输出　　　　　　　　　　B.串行输入、串行输出

C.并行输入、串行输出　　　　　　　　　　D.并行输出、串行输入

(四)简答题

1.时序逻辑电路的特点是什么?

2.时序逻辑电路与组合逻辑电路有何区别?

二、技能练习

利用所学的时序逻辑电路知识,安装八音符电子琴并调试其功能,八音符电子琴电路图如图11-12所示。

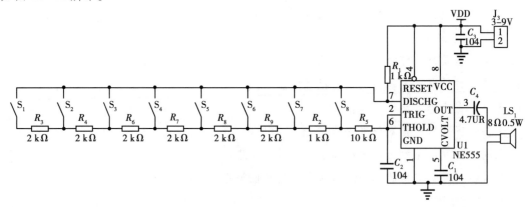

图 11-12　八音符电子琴电路图